Inge Grohmann

Wasser für die Veste Heldburg

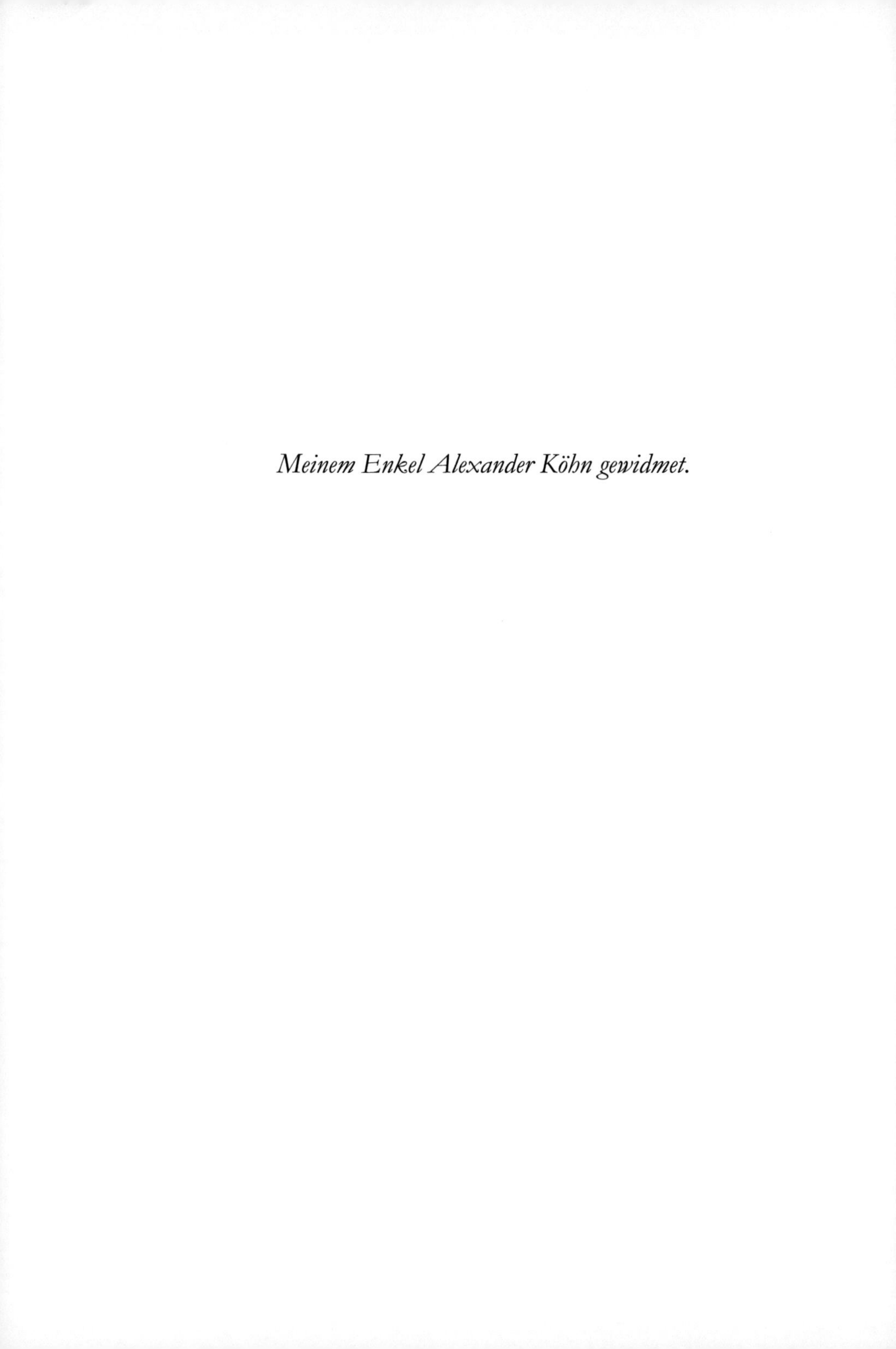

Meinem Enkel Alexander Köhn gewidmet.

Wasser für die Veste Heldburg

Wassergewinnung und Wassernutzung auf der Höhenburg

Inge Grohmann

Impressum
Texte: © Copyright by Inge Grohmann
Umschlag: © Copyright by Andrea Woeste
Layout/Satz: Franz Nagel

Herstellung
und Verlag: BoD-Books on Demand, Norderstedt

ISBN   978-3-7448-1172-9

Inhalt

Einleitung

Die Veste Heldburg im Freistaat Thüringens beeindruckt schon aufgrund ihrer erhabenen Lage. Die einstige hochmittelalterliche Burg wurde unter wechselnder Herrschaft zum frühneuzeitlichen Bergschloss fortentwickelt und erhielt im Zeitalter des Historismus am Ende des 19. Jahrhunderts ihre letzte entscheidende Prägung. Neben den weithin sichtbaren Wohn-, Repräsentations- und Nutzbauten sind es auch zwei auf den ersten Blick leicht zu übersehende Bauwerke, welche die Veste Heldburg zu einem bedeutenden Zeugnis der Kulturgeschichte machen: ein frühneuzeitliches Zisternensystem und ein Brunnen aus dem 16. Jahrhundert mit einer Tiefe von 110 Metern. Zahlreiche archivalische Quellen bergen interessante, zum Teil bisher noch nicht bekannte Informationen zur Wasserversorgung der Veste Heldburg.[1] In Auswertung dieser Dokumente lassen sich die Spuren der Wassergewinnung und -nutzung von der Frühen Neuzeit bis zur Gegenwart nachverfolgen. Im Mittelpunkt steht dabei der Burgbrunnen, dessen Geschichte mit diesen Ausführungen erstmals näher beleuchtet wird (Abb. 1).

Abb. 1 Veste Heldburg,
Luftaufnahme von Südwesten

---

[1] Zu den vorrangig im Landesarchiv Thüringen – Staatsarchiv Meiningen lagernden Akten neu hinzugekommen ist ein durch das Deutsche Burgenmuseum erworbenes, gegenwärtig noch unsigniertes und nicht betiteltes Konvolut, im Folgenden als Aktenkonvolut Heldburg bezeichnet.

1. Die Veste Heldburg – strategisch bedeutsam und bevorzugter Aufenthaltsort

Erstmals wird die Veste Heldburg in einem Urbarium der Grafen von Henneberg im Jahr 1317 als Amts- und Gerichtssitz erwähnt.[2] Im Grenzgebiet rivalisierender Territorialherrschaften – der Grafen von Henneberg sowie der Bistümer Würzburg und Bamberg – nahm die Burg eine besondere verteidigungspolitische Stellung ein. Ihre exponierte Lage auf einem 403 Meter hohen Basaltkegel begünstigte ihre Wach- und Schirmfunktion. Infolge machtpolitisch kalkulierter Heiraten gelangte die Veste Heldburg im Jahr 1374 mit anderen hennebergischen Besitzungen als Erbe der Braut an das Haus Wettin. Angesichts der Position der ernestinischen Wettiner gegen die Religionspolitik Kaiser Karls V. (1500–1558) erhöhte sich im frühen 16. Jahrhundert ihre Bedeutung als Schutzschild gegen ein Vordringen des Hochstifts Würzburg. Im Falle eines nahenden feindlichen Ansturms hatte die Veste Heldburg die Aufgabe, durch Feuerzeichen vom Turm entsprechende Signale zu geben, die eine stufenweise militärische Mobilisierung im Bereich der Pflege Coburg auslösen konnten.[3] Trotz der räumlich weiten Entfernung besuchten die Kurfürsten von Sachsen mehrfach die Veste. Dazu zählen das Treffen von Führern der reformatorischen Bewegung im Jahr 1520, an welchem die Kurfürsten Friedrich der Weise (1486–1525), Johann der Beständige (1525–1532), Landgraf Philipp von Hessen (1509/1518–1567) sowie Herzog Ernst von Lüneburg (1520–1546) mit ihrem Gefolge und einem Aufgebot von 364 Pferden teilnahmen, oder die Besuche zu Jag-

---

[2] Vgl. Fritze, Eduard: Veste Heldburg (unveränderter Nachdruck der Ausgabe Jena 1903), Hildburghausen 1990, p. 2. Eduard Fritze, Oberbaurat des Herzogtums Sachsen-Meiningen, zitiert aus dem Urbar, dass die Veste dort als ein *castrum* aufgeführt sei, bestehend aus einem Steinhaus mit Ringmauer, Zugbrücke und Wall. Das genannte Urbarium ist seit 1945 verschollen, und es sind daher keine genaueren Angaben zu ermitteln.
[3] Staatsarchiv Coburg, LA F 3161.

den und zum Ausfischen der herrschaftlichen Teiche. Das Interesse für die Burg am äußersten Rand des Herrschaftsgebietes — der sächsischen Ortlande in Franken — findet auch in zahlreichen baulichen Veränderungen des frühen 16. Jahrhunderts seinen Ausdruck.[4] Wenige Jahrzehnte später schloss sich die größte Ausbauphase der Frühen Neuzeit an.[5] Herzog Johann Friedrich II. der Mittlere (1529–1595) favorisierte den Ausbau der Anlage zur herrschaftlichen Residenz mit einem repräsentativen Renaissancebau.[6] Zu gleicher Zeit wurde der 110 Meter tiefe Brunnen in den Fels abgeteuft. Nach den fehlgeschlagenen Bestrebungen des Herzogs zur gewaltsamen Rückgewinnung der Kurwürde, die seine lebenslange Gefangenschaft zur Folge hatten, erhielt die Veste unter seinem Sohn Herzog Johann Casimir von Sachsen-Coburg (reg. 1564–1633) die Funktion eines Jagdschlosses. Johann Casimir nutzte 1599 neben der Residenz Coburg auch die Veste Heldburg für die Feierlichkeiten anlässlich seiner zweiten Hochzeit und quartierte hier ein großes fürstliches Aufgebot ein.

Im Dreißigjährigen Krieg wurde die Burg dreimal eingenommen und geplündert. Herzog Ernst I. der Fromme von Sachsen-Gotha (1601–1675) ordnete 1662 aus Furcht vor „anrückender Türkengefahr"[7] Verwahrungsbauten an. Das Vorhaben, die Burg zur Festung auszubauen, scheiterte.

Die Herzöge des nachfolgenden Fürstenhauses Sachsen-Hildburghausen (1680–1826) residierten anfangs zeitweise

---

[4] Bereits vor dem Jahr 1500 wurden das kürfürstliche Gemach ausgestattet, zwei Fachwerkgeschosse dem Jungfernbau aufgesetzt und nach 1501 eine Zisterne im Burghof angelegt sowie die Kapelle neu gestaltet. Siehe Landesarchiv Thüringen – Staatsarchiv Meiningen (LATh – StAM), Ältere Rechnungen, Amtsrechnung Heldburg 1486–1567.

[5] Vgl. Hagenguth, Claudia: Die Baugeschichte der Veste Heldburg in Mittelalter und Früher Neuzeit, in: Die Veste Heldburg. Burganlage – Bergschloss – Deutsches Burgenmuseum. Beiträge zur Erforschung und Sanierung, Berichte der Stiftung Thüringer Schlösser und Gärten, Bd. 11, Petersberg 2013, p. 17–35.

[6] Seit dem 19. Jahrhundert Französischer Bau genannt.

[7] Aktenkonvolut Heldburg, Maßnahmen zum Schutz vor der anrückenden Türkengefahr, Verwahrungsbauten in der Stadt und auf der Veste Heldburg 1663, Bl. 2.

auf der Veste und stationierten dort von 1712 bis 1724 die Garde zu Fuß. Nach dieser Zeit wurde die Anlage als Gefängnis genutzt. Eine längere Verfallsperiode schloss sich an, bis die Veste Heldburg ab 1826 ihre schrittweise Instandsetzung durch das Herzogshaus Sachsen-Meiningen erfahren sollte. Unter Herzog Georg II. von Sachsen-Meiningen (1826–1914) wurde die Veste ab 1875 historistisch zur herrschaftlichen Nebenresidenz ausgestaltet und überformt. Nach privater Nutzung durch Nachkommen des Sachsen-Meininger Herzogshauses bis 1945 wurde die Anlage überwiegend als Kinderheim genutzt, bis 1982 ein Großbrand den Französischen Bau vernichtete. Seit 1994 ist die Stiftung Thüringer Schlösser und Gärten Eigentümerin der Veste Heldburg und sorgt für die denkmalgemäße Sanierung, Erhaltung und Nutzung der Anlage. 2016 wurde das Deutsche Burgenmuseum auf der Veste Heldburg eröffnet (Abb. 2).

Abb. 2 Veste Heldburg mit dem Vorwerk Neuhof um 1875

2. Frühe Möglichkeiten der Wasserversorgung auf Höhenburgen

Eine entscheidende Voraussetzung für das Leben auf einer Höhenburg ist die Versorgung mit Wasser. Man benötigte es zum Trinken und zur Zubereitung der Speisen einschließlich des Brauens, für Hygiene, Reinigung und Wäsche, zum Tränken der Tiere wie auch zur Schwemme der Pferde, für verschiedene Bauarbeiten, zum Bewässern der Gärten und Obstanlagen sowie als Löschwasser im Brandfall. Man war sich darüber im Klaren, dass die Burg bei Belagerung schon nach wenigen Tagen aufgegeben werden müsste, wenn hinter ihren Mauern das Wasser ausgegangen war. Die Burgmannschaft, die im Normalfall aus 15 bis 20 Personen bestand und zu der eine entsprechende Anzahl von Pferden und weiteren Tieren gehörte, war vermutlich noch im ausgehenden Mittelalter in der Lage, die Burg mit ausreichend Wasser zu versorgen. Problematisch wurde es bei größeren fürstlichen Ausrichtungen oder während laufender Baumaßnahmen. So finden sich in alten Küchenbüchern Abrechnungen, nach denen im zweiten Halbjahr 1486 monatlich zwischen 100 und 1.000 Mahlzeiten an Bauleute, darunter jeweils 30 bis 45 Fuhrleute, und ebenso Futter für die Gespanne auszureichen waren.[8] Bedeutend höher war die Zahl der Bauleute in den Jahren 1558 bis 1564, als mitunter täglich mehr als 100 Personen auf den Baustellen der Burganlage tätig waren.

Aufgrund der Lage der Veste Heldburg auf einem Bergkegel vulkanischen Ursprungs, 403 Meter über dem Meeresspiegel und zudem mehr als 100 Meter über dem Wasserspiegel des Landflüsschens Kreck, gestaltete sich die Wasserversorgung schwierig. Von den häufig genutzten Möglichkeiten schied die Frischwasserversorgung von einer naheliegenden Quelle aus, da es eine solche nicht gab. Ebenso war die Versorgung über eine Fernleitung von einem noch höher liegenden Wasserdargebot in angemessener

---

[8] LaTh-StAM, Ältere Amtsrechnungen 1486-1567.

Entfernung ausgeschlossen, weil die Veste der höchste Punkt in der näheren Umgebung war. So blieben drei Möglichkeiten: der Transport des Wassers vom Fuß des Burgberges durch Lastenträger, das Sammeln von Oberflächenwasser in einer Zisterne und schließlich die Grabung eines Tiefbrunnens.

2.1. Wassertransport mit Lasttieren

Als Lastenträger wurden meist Esel benutzt. Bezüglich der Veste Heldburg gibt es dafür zahlreiche Hinweise. So wird in den jährlichen Amtsrechnungen seit 1486 in den Auflistungen des Gesindes jeweils ein Eseltreiber genannt, dessen Dienst zu vergüten war.[9] Bis zum Jahr 1511 erhielt ein Eseltreiber noch ein Ort[10], 50 Jahre später bekam er jährlich sechs Gulden, hatte aber nun noch andere Aufgaben zu erledigen, denn er musste „[…] den Mist ufm Acker zum Hundshauck zuwerfen, das Graß auffn Wiesen und die Frucht vorhurten, im stadel das getreyde legen und mit dem Esel Wasser uffs Schloß fhüren."[11]

Auch 1553 wird das Tragtier erwähnt: „Esel ist sehr altt, uf dem Hause, wirdt zum wassertragen gebraucht".[12] Ein Eselstall wird schon in den älteren Amtsrechnungen im Zusammenhang mit Reparaturen seit 1501 erwähnt.[13] Später wurde ein Raum im Heidenbau so bezeichnet. Zu dieser Zeit dürften Esel jedoch nur noch dann zum Wassertragen gebraucht worden sein, wenn die Brunnenförderung ausgefallen war.[14]

Im Zehendregister der Stadt Heldburg werden im Jahr 1584 als Flurstück der Eselspron und im Erbzinsbuch des Jahres 1746[15] die Weinberge am Eselsgraben ob der

---

[9] LATh – StAM, Ältere Amtsrechnungen 1486–1567.

[10] Ort war eine alte Währungsbezeichnung, im Münzwesen das Viertel einer Einheit, möglicherweise hier ein Viertel eines Guldens.

[11] LATh – StAM, Ältere Rechnungen, Amtsrechnung Heldburg 1557–1558.

[12] LATh – StAM, Amtsarchiv Heldburg, Nr. 4.

[13] LATh – StAM, Ältere Rechnungen, Amtsrechnung Heldburg, 1501 bis 1512, 1557–1558.

[14] Esel wurden allerdings nicht nur zum Wassertransport, sondern auch zu anderen Arbeiten eingesetzt.

[15] Stadtarchiv Heldburg, Alter Schrank Nr. 29.

Ziegelhütte genannt. Es ist anzunehmen, dass mit Eselspron und Eselsgraben die Quelle und der an ihr entsprungene kleine Bach gemeint waren, aus welchem das Wasser für den Eseltransport geschöpft wurde. Das Eselsgässchen ist ein relativ kurzer Weg zur Veste, der seinen Anfang in der ehemaligen Eselswiese nimmt (Abb. 3). In einem Brief des Erbprinzen Ernst Friedrich von Sachsen-Hildburghausen an die Stadt Heldburg vom Jahr 1711[16] wird die Eselsgasse erwähnt, welche als Transportweg für das Wasser gewählt wurde. Als Tragtiere wurden zu jener Zeit Maultiere benutzt, die größere Lasten tragen konnten und umgänglicher waren.

2.2. Zisternen als Wasserspeicher und ihre Nutzung

Zisternen gehören zu den ältesten Anlagen zur Aufbereitung und Speicherung des Trinkwassers. Wurde Frischwasser antransportiert, so war es sinnvoll, neben dem unmittelbaren Verbrauch einen Vorrat anzulegen, wofür ein entsprechendes Behältnis benötigt wurde. Eine sonnengeschützte, möglichst kühle Lagermög-

Abb. 3 Veste Heldburg, Eselsgässchen am Burgberg

---

[16] Stadtarchiv Heldburg, Alter Schrank Nr. 29, Gedenkbuch ab 1556: „Nach dem Wir Vernommen, daß über diese genante Esels gaße am Schloßberg alhier etliche Bürger in Heldburg zu verwahrung ihrer Gärtten Zayn und Hegen uffuhren und anbringen laßen, dadurch aber nicht nur die Maultiere mit dem waßertragen verhindert, sondern auch bemelte gaße, welche doch ein wichtiger weg von hier nach dem Bronnen uf der Esels wiese ist, endlichen ganzt entzogen werden mögte: Als wird dem Bürgermeister zugedachten Heldburg hirmit anbefohlen, so gleich denen jenigen Laüten, so dergleichen aufgebaut, ufzuerlegen, daß solche Esels gaße wird ufgereumet und in vorigen Stand gebracht wer, damit man von dem Esels brünn über die Wiese anhero aufs Schloß kommen könnt. Schlos Heldburg d. 24. Mai 1712 Ernst Friedrich [Unterschrift]."

lichkeit musste vorhanden sein, um das Wasser genießbar zu halten.

Die Bezeichnung Zisterne kommt aus dem Lateinischen *cista* und bedeutet Kiste. Sie konnte durch die Zufuhr sauberen Wassers, das über Lastenträger oder über Leitungssysteme beigebracht wurde, gefüllt werden. Oberflächenwasser von Dächern und Hofflächen wurde meistens in offenen oder verdeckten Rinnen und Kanälen eingeleitet. Häufig war es von Vogeldreck und anderem Schmutz verunreinigt. Das Wasser musste sich in solchen Fällen selbst reinigen, indem sich die Verschmutzungen auf dem Grund absetzten. In regelmäßigen Abständen war dann die Ablagerung auf dem Grund zu entfernen. Ein derartiger Wasserspeicher wird als Tankzisterne bezeichnet.[17]

Bei längerer Lagerung verschlechterte sich die Qualität des Wassers, sodass die Nutzung zum Trinken oder zur Zubereitung der Speisen nicht unbedenklich war. Um Oberflächenwasser effektiv nutzen zu können, wurden Filterzisternen angelegt. In ihnen ließ sich das Wasser besser reinigen und genießbar machen. Das Prinzip der Filterzisterne ist sehr alt und wird auch heute noch angewandt. Es ist anzunehmen, dass die ersten Zisternen der Veste Heldburg Tankzisternen waren. Erst ab der Mitte des 16. Jahrhunderts wird eine Kombination aus Filter-und Tankzisterne nachgewiesen.

Die Amtsrechnung des Jahres 1490 listet Arbeiten an der Zisterne der Veste Heldburg auf.[18] Wo sich diese befand, ist dabei nicht genannt und konnte auch bei den bisherigen Forschungen nicht ermittelt werden. Neun Jahre später wurde damit begonnen, ein neues Zisternenbecken aus dem

---

[17] Im Falle felsigen Untergrunds wie bei der Veste Heldburg könnte man sich als Vorratsbehältnis für Wasser ein Becken vorstellen, das aus dem Vulkangestein gehauen war. Es musste zusätzlich abgedichtet sein, damit kein Wasser auslief. Es konnte aber ebenso eine gemauerte und abgedichtete Kammer gewesen sein. Derartige Einrichtungen hatten am oberen Rand der Seitenwände eine Öffnung für die Einlaufrinne. Meistens waren diese Wasserkammern überwölbt. Aus einer Öffnung in der Decke konnte das Wasser wie aus einem Brunnen geschöpft werden. Es konnten aber ebenso hölzerne Behälter – zum Beispiel Fässer – gewesen sein.

[18] LATh – StAM, Ältere Rechnungen, Amtsrechnung Heldburg 1490.

14

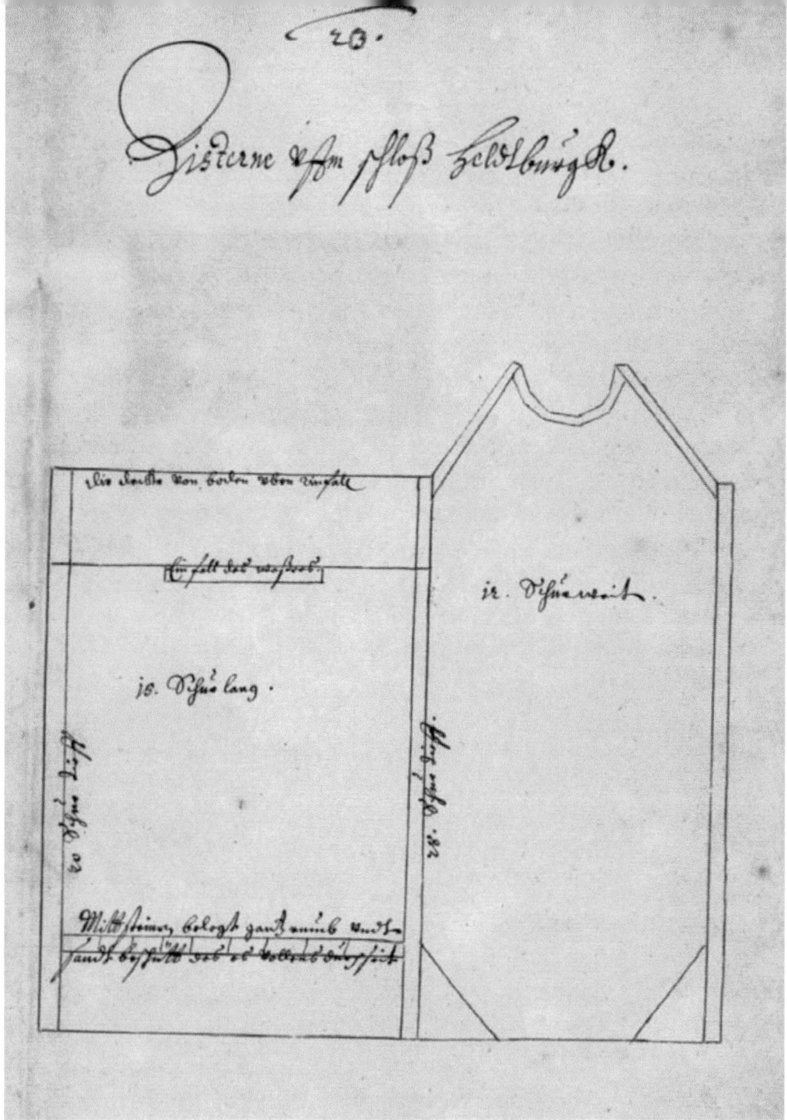

Abb. 4 Planskizze der Zisterne, 1665

Fels zu hauen. Die Abrechnungen für die Zeit von 1501 bis 1509 weisen Kosten für Bergleute und Handreicher in Höhe von 142 Gulden aus. Darin sind die Schmiedekosten für das Schärfen der Werkzeuge oder für den oberen Kranz nicht enthalten und müssten noch dazu gerechnet werden. Den Kosten zufolge könnte die Zisterne ein beachtliches

Fassungsvermögen gehabt haben.[19] Als Zubehör werden im Jahr 1509/1510 zwei Eimer und Gelte[20] aufgelistet.[21] Das Verzeichnis im Jahr 1541 nennt zwei Eimer und eine eiserne Kette, woraus eine Wasserentnahme mit der Haspel zu vermuten ist.[22] In den Jahren 1558 bis 1559 erfolgten erneut Arbeiten für eine Zisterne.

Der Kostenvoranschlag lautet: „[…] 60 fl – Zum andern zu der Cistern das steinwergk zubrechen und zuhauenn vnd den Kastenn und mit allen zuverfertigen vnd ein gewelb zumachen darin sich das wasser in die Cisternen diseliert, kann einer C fl verdienen."[23] Zu diesen 160 Gulden kamen noch die Schmiedekosten für das Anfertigen von mehreren Dutzend Klammern und das Schärfen der Werkzeuge. Allein für Pech zum Abdichten wurden weitere 142 Gulden verausgabt.[24]

Vergleicht man die abgerechneten Kosten dieser Arbeiten mit denen aus den Jahren 1501 bis 1509, stellt sich die

---

[19] LATh – StAM, Ältere Amtsrechnungen 1486–1567: 1499 erhält der Steinmetz aus Schmalkalden 2 Gulden „wie er besichtigt und wie er geraten hat, die Zisterne zu machen", gibt Anweisungen. Anfang der Bauarbeiten zur Zisterne in der Woche Lucie (13. Dezember), Aufmachen der Rinne, Ausgaben für Handreicher, an der Zisterne zu brechen und zu graben, Anfang der Wochenlohnung in der Woche Bartholomä (24. August) mit dem Bergknecht, Rawe und Hans Bremer, 1501 werden Ausgaben für die Arbeiter und Handreicher an der Zisterne abgerechnet, Insg. 42 fl 1 Ort 12 d, Woche Johannes ante porte (6.Mai) bis Woche Walpurgis (1. Mai), Schmiedkosten für die Zisterne (Höhe der Kosten nicht angegeben) und Ausgaben für Taglohn der Arbeiten an der Zisterne, Woche Johannis ante porta (6. Mai) bis Woche Marie (?) Insg. 51 Goldgulden 2 Ort 18 d, Schmiedkosten für den Kranz der Zisterne „aufm Schloss" (keine Angabe wieviel), 1504 werden erneut abgerechnet: Tagelöhne für den Zisternenbau = 32 fl 2 Ort, 26 d und letztmalig noch 15 Gulden 20 d Brecherlohn für die Zisterne bis Mai 1509.

[20] Alte Bezeichnung für Trog oder Mulde.

[21] Staatsarchiv Coburg, LA F, Nr. 10125.

[22] Staatsarchiv Coburg, LA F, Nr. 10047.

[23] Aktenkonvolut Heldburg, Bau- und Beßerung deß Schloßes Heltpurgk inn Francken de Annis, 1558, 1560, 1561, 1562, 1563 und 1564, 1566, Bl.11.

[24] Ebenda, Bl. 13: „Mit dem schmiedt Ist noch abzu Rechnenn von wegen gemachtter worffen vnd scherff vnd Spitzlohn. Item hat auch ezliche schock Clammern zu der Zißdernn gemacht. Item Xiii Centner LXXXVi Pfund bechs Ist zu der Zißdern genhomen vnd noch zu bezahlen den Centner vmb 11 fl."

16

Frage, ob es sich nicht vielmehr um die Ergänzung der Tankzisterne durch ein Filterbecken als um eine völlig neue Anlage aus Filter und Tank handelte. Mehr Aufschluss dazu könnte eine Überprüfung der Steinmetzzeichen an den Werksteinen geben.[25] Eine Planskizze ist der Amtsbeschreibung aus dem Jahr 1665 beigefügt (Abb. 4).[26]

Mitgeteilt wird dazu: „Eine Cistern so anno 1501 erbauet worden, so 28 Schuch tief undt 12 Schuch weit ist." Irrtümlicherweise hat Wilhelmi das Jahr 1501 angegeben. Es war ihm offenbar entgangen, dass in der Mitte des 16. Jahrhunderts größere Arbeiten an der Zisterne ausgeführt wurden, die zu den genannten Abmessungen führten.

Im Jahr 1560 war der Auftrag erteilt worden, den Burghof zu ebnen und dafür einen Kostenanschlag einzureichen.[27] Am 13. September 1562 schrieb der Baumeister Nickel Gromann an den Amtsschosser Nickolaus Merten, dass auf Befehl des Herzogs der Hof gepflastert werden solle. Die Aufgabe für drei Steinmetze lautete: „[...] von der kleinen Schnecken an bis in die Zistern sol ein gerin gemacht werden, das gleiche von der silberkammer neben dem Gartten hin auch in die Zistern leitten, von solchen gerin soll es nach der Kochen steigen [...]".[28/29] Nach dem Kostenanschlag von Meister Paulus sollten Steinbrecher dafür 50 Werksteine brechen, Steinmetzen sollten diese zuhauen und ausformen. Für die Länge des Gerinnes waren 100 Ellen berechnet. Hinzu kamen das Öffnen des Pflasters, das Verlegen der Rinnsteine und das nachfolgende Schließen des Pflasters,

---

[25] Ich danke Herrn Udo Hopf für diesen Hinweis.

[26] Wilhelmi, Gottfried, Amtsbeschreibung des Hochfürstlichen Sächsischen Amtes Heldburg 1665, Kreisarchiv Hildburghausen.

[27] Aktenkonvolut Heldburg, Bau- und Beßerung deß Schloßes Heltpurgk, Bl. 31.

[28] Als herrschaftliche Dienstleute fungierten der Amtmann und der Schosser. Der Amtmann war mit der Verwaltung des Amtes beauftragt. Er war an der Rechtssprechung beteiligt, zeichnete verantwortlich für Ordnung und Sicherheit und für die finanziellen Angelegenheiten. Der Amtsschosser war für die Eintreibung der Steuern und Abgaben verantwortlich. Im Amt Heldburg waren beide Posten häufig in Personalunion entweder vom Amtmann oder vom Schosser besetzt.

[29] Aktenkonvolut Heldburg, Korrespondenz des Baumeisters Nickel Gromann und andere Schriftstücke über den Schlossbau zu Heldburg 1558–1567, Bl. 51.

Abb. 5 Veste Heldburg,
Filterbecken der Zisterne

wofür insgesamt 40 Gulden vorgesehen waren. [30]

Bei den Grabungen im Jahr 1999 konnte eine zusammenhängende Übersicht des Systems der einstigen Wasserführung nicht mehr nachvollzogen werden, da im Bodenbereich des Burghofs bereits in früheren Zeiten Störungen erfolgt waren. Zu erkennen war noch eine Rinne, die vom Heidenbau mit Unterbrechung zur Hofzisterne führte, eine andere verlief für eine kurze Strecke in Richtung des 1550 errichteten Küchenbaus, die dritte nahm den Anfang an der Mauer des Französischen Baus und verlief neben der neuen Zisterne Richtung Burghof. Von hier aus führte eine vierte Rinne zum Südtor.

Bei der Zisterne im Burghof der Veste Heldburg handelt es sich für diese Zeit um ein modernes System, bestehend aus einer rechteckigen, sehr sorgfältig aus Formsteinen gemauerten Filterkammer und einem angeschlossenen runden, aus Formsteinen ebenso korrekt gemauerten Tank. Die verwendeten Sandsteine sind auch jetzt noch, nach mehr als 450 Jahren, in erstaunlich gutem Zustand (Abb. 5).

Bei der Sanierung der Anlage im Jahr 2000 wurden Filterkammer und Tank gemessen.[31] Die Filterkammer hat sonach eine Gesamttiefe von 5,21 Metern. Der obere Bereich mit den Seitenmaßen 1,47 mal 1,30 Meter und einer Tiefe von 1,10 Meter diente der Vorreinigung. In diesem befindet sich ein Tonnengewölbe mit einer Öffnung für

---

[30] Aktenkonvolut Heldburg, Bau- und Beßerung deß Schloßes Heltpurgk, Bl. 174.

[31] Ich danke der Firma Bauer-Bornemann, Steinrestaurierung Bamberg für die Bereitstellung der im Rahmen der Sanierung ermittelten Messergebnisse. Die Dokumentation befindet sich bei der Stiftung Thüringer Schlösser und Gärten.

Abb. 6 Veste Heldburg, Einlass der Zisterne

den Wassereinlass. Darauf konnten Reisig oder anderes Material aufgelegt werden, um so zunächst das eingeführte Wasser vom gröbsten Schmutz – Geäst, Laub und Vogeldreck – zu reinigen. Die Öffnung im Gewölbe ist gerade so weit, dass sie einen Einstieg von Personen für den Wechsel der Filtermasse im unteren Bereich der Filterkammer ermöglichte, welcher mitunter alle zwei Jahre notwendig war. Die Filterkammer hat hier eine Weite von 2,54 Metern (Abb. 6).

Der Filter war nach dem Eintrag auf der Zeichnung zur Amtsbeschreibung von 1665 „Mitt Steinen belegt gantz numb undt Sandt beschütt das es vollens durchseit". 0,53 Meter über der Sohle der Kammer befand sich die Öffnung für den Durchlass zum Tank, der sich nach dem Prinzip kommunizierender Röhren mit gefiltertem Wasser füllen konnte. Als oberer Abschluss wurde die rechteckige Öffnung der Filterkammer nach der Sanierung auf Niveau des Burghofes mit Sandsteinen neu eingefasst

Abb. 7 Veste Heldburg,
Tank der Zisterne

und mit einer Klappe aus Eichenholzbohlen abgedeckt. Der Tank ist ein kreisrunder Behälter mit einem Durchmesser von 2,20 Metern, im Boden nach unten gewölbt, nach oben am Hals verjüngt. Er hat vom oberen Rand des Kranzes gemessen eine Tiefe von 6,63 Metern. Der obererdige Kranz ist 75 Zentimeter hoch und 1,13 Meter weit.[32] Am Hals des Tanks, etwa einen Meter unter der Hofebene, befand sich ursprünglich ein Überlauf in südlicher Richtung. Es kann nicht nachvollzogen werden, ob von hier aus überschüssiges Wasser zur Pferdeschwemme geleitet wurde, wie es späteren Überlieferungen zufolge der Fall gewesen sein soll. Bei jüngeren Grabungsarbeiten wurden von hier aus keine abgehenden Rinnen mehr gefunden. Das achteckige Fachwerkhäuschen über dem Tank steht auf einem Sandsteinschwellensockel.

Seit dem ausgehenden 19. Jahrhundert konnte das Wasser mit Hilfe einer Wasserpumpe entnommen werden, wie der Kastellan Ludwig Schmidt am 28. Mai 1887 an den Hofbaumeister meldete: „Kleine Pumpe an Zisterne

---

[32] Der Vergleich der Messergebnisse aus dem Jahr 2000 mit den Maßen auf der Zeichnung vom Jahr 1665, die in „Schuh" angegeben sind, ergibt eine Bemessung des Schuhs von 25-25,5 Zentimetern. Das bestätigen auch die Vergleiche hinsichtlich der Angaben in der Amtsbeschreibung von 1665 zur Brunnentiefe oder der Dokumente zum Bau der Schlosskirche 1662-1665 in: Aktenkonvolut Heldburg, Acta betr. den Bau der Schloßkapelle und Pfarrkirche zu Heldburg 1662-1664.

eingebaut, um Wasser in den davor stehenden Trog zu pumpen. Firma: Langenstein und Schemann, Eisengießerei Cortendorf".[33] Im Jahr 1901 wurde vom Heldburger Maurer Carl Keller eine Tonrohrleitung zur Einleitung des Regenwassers in die Zisterne verlegt. Er erhielt dafür eine Vergütung von 236,55 Mark. Für einen Betrag von 91,60 Mark waren bereits im Jahr 1898 Tonrohre beschafft worden.[34]

Mit dieser Zisterne konnte ein Wasservorrat von annähernd 20.000 Litern angelegt werden. Die Zisternenanlage wurde, mit Unterbrechungen aufgrund von Verunreinigungen der Zuflüsse, bis zur Hälfte des 20. Jahrhunderts genutzt.

Die Sanierung im Jahr 2000 erfolgte in der Absicht, den Bestand zu erhalten. Bei der Reinigung kamen im Tank einige alte Waffen aus früheren Sammlungen zum Vorschein. Es wäre denkbar, dass sie 1945 aus Angst vor Repressalien durch die einrückenden alliierten Truppen – zuerst die US-Armee, dann die Rote Armee – in den Tank geworfen wurden.

Von einer weiteren Nutzung der Zisterne nach der Sanierung wurde abgesehen, weil jegliche Ursachen für mögliche Nässeschäden in den hofseitigen Wänden unterer Stockwerke des Französischen Baus ausgeschlossen werden sollten. Seither sind keine Einleitungen von Traufwasser mehr erfolgt. Es hat sich dennoch ein kleiner Wasserstand gebildet (Abb. 7).

2.2.1. Schützendes Gebäude über der Zisterne

Aus den Baurechnungen von 1504 ist zu erfahren, dass „[...] die Zisterne unter Dach gebracht [...]" wurde.[35] Es muss sich hierbei um den bereits erwähnten Vorgängerbau gehandelt haben. Dass dabei ein verhältnismäßig geräumiger Überbau anzutreffen war, ist den Inventarlisten zu entnehmen, wonach sich 1541 ein Lagerplatz für den Hafer

---

[33] LATh – StAM, Hofbauamt Nr. 93.
[34] LATh – StAM, Rechnungen über die Ausgaben für die Unterhaltung der herzoglichen Gebäude 1900 und 1901.
[35] LATh – StAM, Ältere Rechnungen, Amtsrechnung Heldburg 1504.

in den zwei Kammern über der Zisterne und den Ställen[36] befand. Auch noch 1553 wird als Lager für Getreide der Boden über der Zisterne erwähnt.[37]

Johann Friedrich der Mittlere erteilte am 19. Oktober 1563 die Weisung: „[…] das heußleyn vber di Zistern vffs lustigste Zusambtt den Wassertrog […] machen Zulassen."[38] Hierbei ging es um die von 1558 bis 1559 gebaute Zisterne. Bereits im Jahr 1560 war angewiesen worden, im kommenden Frühling ein hölzernes Haus über die Zisterne zu setzen. Als noch auszuführende Bauaufgabe wurde 1564 die Errichtung des Brunnenhäuschens nochmals angemahnt.[39] Schließlich wurden im gleichen Jahr 20 Gulden dafür abgerechnet, dass die Zisterne mit einem „zierlichen Türmlein" samt Getriebe und Trog davor[40] versehen wurde. Vorstellbar wäre eine Renaissanceminiatur, die Nickel Gromann dem repräsentativen Schlossbau geschickt anzupassen gewusst hätte, und die erst später, nach eventuellen Schäden, in das heutige Erscheinungsbild gewandelt wurde. Die Jahreszahl 1712 an dem Sturzholz über der Entnahmeöffnung des kleinen Fachwerkgebäudes scheint von einer Reparatur aus dieser Zeit zu stammen.[41] Bei einer Kontrolle von Dächern der Veste im Jahr 1793 beanstandete der Schieferdecker Neumeister aus Hildburghausen das desolate Dach auf dem Zisternenhäuschen und empfahl, Ziegel zu verwenden für den Fall, dass die Beschaffung von Dachschiefer zu teuer käme. Seinem Vorschlag folgend wurde die Dachreparatur mit Ziegeln vorgenommen (Abb. 8).[42]

---

[36] LATh – StAM, Ältere Rechnungen, Amtsrechnung Heldburg 1541.

[37] LATh – StAM, Ältere Rechnungen, Amtsrechnung Heldburg 1553.

[38] Ebenda.

[39] Ebenda, Bl. 186: „20 fl für ein zierliches Türmlein auf die Zisterne samt Getriebe und Trog dafür".

[40] Aktenkonvolut Heldburg, Korrespondenz des Baumeisters Nickel Gromann, p. 91–92.

[41] Im Jahr 1712 begannen die Arbeiten zum Ausbau der Burg als Festung und ihre militärische Nutzung unter Herzog Ernst Friedrich I. von Sachsen-Hildburghausen(1681–1724).

[42] Aktenkonvolut Heldburg, Acta Camera betreffend das Bauwesen im Amte Heldburg obehörde auf der Veste Heldburg 1770–1804, Bl. 89/90.

Abb. 8 Veste Heldburg, Zisternenhäuschen
vor dem Französischen Bau

Seit der Restaurierung unter Georg II. von Sachsen-Meiningen ist das Türmchen wieder mit Schieferdeckung zu sehen. Der vor dem Häuschen stehende Trog diente als Tränke für Tiere wie auch zum Schöpfen für Brauchwasser. Ein solcher befand sich noch in der zweiten Hälfte des 20. Jahrhunderts dort.

2.2.2. Die Abhängigkeit von Niederschlägen und der Funktionstüchtigkeit der Zuleitungen

Die Zisterne der Veste befindet sich im Burghof, unmittelbar vor dem Französischen Bau. Zu den älteren Bauten, dem Heidenbau auf der Ostseite und dem Gebäudekomplex Amtsbau mit Kommandanten- und Jungfernbau auf der Westseite, ist die Entfernung etwa gleich. Von diesen konnte hofseitig Regenwasser gesammelt und zugeführt werden. In einer Beschreibung des Heidenbaus ist angeführt: „[…] ein küpferner Wasserring ringsten außen umb den Thurm herum zu Fortführung des Wassers in die Zistern."[43] Denkbar ist auch, dass Regenwasser von den Dächern kleinerer Wirtschaftsgebäude wie dem Brauhaus, den Stallungen und der Schmiede aufgefangen wurde. Über Standort und Größe dieser Wirtschaftsbauten gibt es keine Überlieferungen. Hinzu kam 1550 der Küchenbau. Auch Hofflächen waren möglicherweise mit einbezogen. Traufwasser größerer Dachflächen konnte nach Fertigstellung des Französischen Baus 1564 eingeleitet werden.

Am 14. Juli 1563 war vom Bauherrn, Herzog Johann Friedrich dem Mittleren, angeordnet worden, dass „[…] innerhalb des Schloß vndter die Decher Hultzerne Rinnen gelegt, mit Kupffer farben angestrichenn, vnd das Regenn oder Triffwaßer von Dechern herundter darinnen In das Steinern Gerinnich vffs Pflaster gelaittet, vnnd Jungsten vnssernn befehlich nach, vndterm Pflaster Zur Zistern Zugefuhrt werde" (Abb. 9).[44]

---

⁴³ LATh – StAM, Ältere Rechnungen, Amtsrechnung Heldburg 1669.
⁴⁴ Gröschel, Julius: Nikolaus Gromann und der Ausbau der Veste Heldburg 1560–1564 mit den Bauurkunden des Burgarchivs von 1558–1566, Meiningen 1892, p. 28.

Abb. 9 Veste Heldburg, vom Französischen Bau abgehende
Rinne, aufgefunden bei Grabungen 1999

Die Größe der Zisterne wurde unter Umständen eher
nach dem Bedarf als der zu erwartenden Menge an Oberflächenwasser kalkuliert. Die Grundfläche der Veste ist
nicht sehr groß, und auch die nach dem Hof geneigten
Dachflächen konnten angesichts der geringen Jahres-
durchschnittsmenge an Niederschlägen von rund 650
Litern pro Quadratmeter nur eine begrenzte Menge Wasser
einbringen. Es werden in der Regel nur zehn Prozent der
Niederschlagsmengen als Zufluss berechnet. Zu bedenken
war dabei, dass in den Wintermonaten die Niederschläge
als Schnee ankamen und zum Teil durch Verdunstung
wieder aufgingen und dass nach längeren Trockenzeiten in
der übrigen Jahreszeit auf das erste Wasser verzichtet werden musste, weil es größere Verschmutzungen wie Staub,
kleines Astwerk, Laub oder Vogeldreck enthielt. Pflas-
terflächen wie auch Zulaufrinnen waren nicht unbedingt
dicht und ließen Verluste zu. Daher war bei besonderen An-
lässen die Beschaffung zusätzlichen Wassers notwendig,
wie es zum Beispiel anlässlich des Hoflagers Kurfürst Jo-

Abb. 10 Veste Heldburg, bei Grabungsarbeiten 1999 in der Tordurchfahrt und im Hof gefundene Steinrinnen

hann des Großmütigen im Oktober 1545 der Fall war. Es mussten vier Fuhren Wasser aufs Schloss gekarrt werden.[45] Wiederholt gab es Probleme mit der Wasserversorgung aus der Zisterne. Sehr oft waren die Zuleitungen und Kanäle verunreinigt, so dass gar kein Wasser zur Zisterne geleitet werden konnte. Da die Steinrinnen oberhalb mit Steinplatten abgedeckt waren, konnten sie bei Verunreinigungen geöffnet und gesäubert werden. So wurde 1588 der Steinmetz vergütet: „[…] von den Wasserschienen so ihnn die Cisterne gehen im hoff aufzubrechen und zu fegen, und von neuem mit Platten wieder zu zulegen […].‘‘[46] 1639 berichtete der Amtsschosser Nickel Leipold an die fürstliche Canzlei, dass: „[…] die Rinnen um die Dächer und unter der Erden verschleimet und zugefüllet, das Regen-Wasser in die Zistern seinen Fortgang nicht hat, und der tiefe Brunn aus Mangel eines Seils nicht zu brauchen, dahero vorwichen Sommer wir auch jetzt kein Wasser aufm Schloss zu haben, sondern aus der Stadt herauf geholet werden muss.‘‘[47] Auch der sachsen-hildburghäusische Marschall von

<hr>

[45] LATh – StAM, Ältere Amtsrechnungen 1486–1567.
[46] LATh – StAM, Ältere Rechnungen, Amtsrechnung Heldburg 1588/1589.
[47] Staatsarchiv Coburg, LA F Nr. 10125.

26

Gusio teilte nach seiner Inspektion im Jahr 1794 mit, dass überhaupt kein Wasser mehr von den Dächern aufgefangen werden könne und daher kein Wasser auf der Veste zu haben sei.[48] Ein Jahr später wurde erneut Reparaturbedarf angemeldet: „[…] in dem Magazinbehältnis am Kuhstalle, auf der Seite gegen den Hof ein abgedecktes Stück Mauerwand, welchen Ruin der im Hofe ohnweit der Kirchtür stehende Trichter, durch den das Wasser von den Dächern zur Zisterne geleitet wird, versursacht [...].“[49] Im hoch verschuldeten Fürstentum Sachsen-Hildburghausen hatte eine kaiserliche Debitskommission den Auftrag erhalten, die finanziellen Verhältnisse zu ordnen. Die Kommission verschaffte sich 1796 eine Übersicht über den desolaten Zustand der Veste Heldburg. Auch hierbei wurde festgestellt, dass die steinernen Rinnen vom Heidenbau zur Zisterne verstopft waren (Abb 10).[50]

2.2.3. *Wassernutzung für Pferdeschwemme und Halsgraben*

Neben der Versorgung von Burgbesatzung und Gästen bestand großer Bedarf an Wasser für die Pferde, aber auch für die Sicherung der Burg. Eine Pferdeschwemme wird erstmals 1563 erwähnt. Johann Friedrich der Mittlere ordnete in diesem Jahr an: „ […] vndter dem Inwendigenn Thor desgleich das Wasser vndter dem Pflaster In die Wecht zubring In mittler weyl furgenommen werde, machen Zulassen.“[51] Möglicherweise wurde die Weth erst im Zuge der umfangreichen Ausgestaltung der Veste zur vorgesehenen herrschaftlichen Residenz angelegt.

Eine Pferdeschwemme, auch Weth genannt, wurde dazu genutzt, Pferde ins Wasser zu führen, damit sie gesäubert

---

[48] Aktenkonvolut Heldburg, Acta Camera betreffend das Bauwesen im Amte Heldburg auf der Veste Heldburg 1770–1784, p. 96–98.

[49] Ebenda. Als Trichter ist ein Vorfilter denkbar, der verhindern sollte, dass Schmutz und Vogeldreck im Dachwasser die steinernen Rinnen verstopfen.

[50] „[...] an der Zisterne einer der vorderen Bruststeine ledig und der steinerne Kanal von der Kirche (Heidenbau) her etwas verstopft“, LATh – StAM, Staatsministerium, Abteilung Finanzen, Nr. 3185.

[51] Vgl. Gröschel, 1892, p. 34.

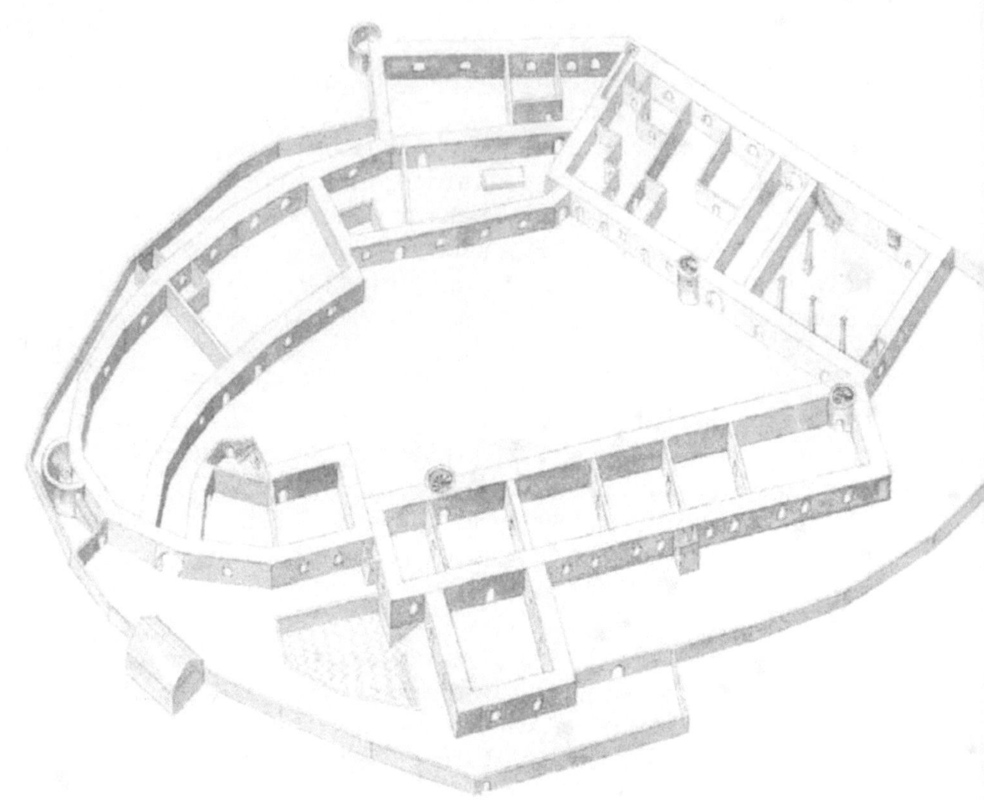

Abb. 11 Veste Heldburg, Isometrie, um 1670, im Vordergrund
Pferdeschwemme und Brunnenhaus

werden konnten.[52] Vor allem boten sie Abkühlung, wenn
sie nach Belastungen, etwa langen Ritten, schwitzten. Gemessen an den zahlreichen hochrangigen Besuchern der
Veste und den weiten Entfernungen, die ihre Pferde dabei zurückzulegen hatten, wird die Schwemme für die
Pferde eine ersehnte Erfrischung geboten haben. Der
Standort der Pferdeschwemme auf der Veste Heldburg
befand sich im Zwickel zwischen der alten Burgkapelle
und dem Südflügel des Französischen Baus, auf der dem
Brunnen gegenüberliegenden Seite der Auffahrt. Auf einer

---

[52] Gelegentlich ist auch zu lesen, dass sie dort getränkt wurden, was
aber bezweifelt werden muss, denn Pferde reagieren sehr empfindlich
auf Verunreinigungen im Wasser.

28

isometrischen Ansicht, die nach 1665 angefertigt wurde, ist die Pferdeschwemme mit Wasser gefüllt dargestellt (Abb. 11).[53]

Wie bereits erwähnt, soll mehrfachen Hinweisen zufolge auch Wasser vom Überlauf der Zisterne in die Schwemme geleitet worden sein. Das setzte voraus, dass neben dem Verbrauch für Trink- und Brauchwasser noch ein angemessener Überschuss abfließen konnte. Aufgrund des Gefälles im südlichen Bereich der Burg musste von hier ein beachtlicher Teil des Hofwassers abwärts fließen. Außerdem käme noch das Traufwasser von den Außenseiten der Dächer des Amts- beziehungsweise Kommandantenbaus und des Jungfernbaus dazu. Im Jahr 1564 wurde erneut angeordnet: „[…] vnnd das wasser ausm Schlos Inn die Wedh inn steinernenn gerinnenn Zu leittenn angeschlagenn vff xv gulden […].“[54] Der Amtsverwalter Gottfried Wilhelmi hat 1665 seiner Amtsbeschreibung eine Zeichnung der Pferdeschwemme beigelegt und die Maße angegeben: „Eine Weth, so 39 Schuch in der Länge, die Weite aber wegen des darein fallenden Felßes nicht füglich zu meßen, außen vor dem Schloß, zwischen dem mitlern undt innern Schloß Thor dießeits des Ziehebronnes erbauet.“[55] Diese Länge von etwa 9, 75 Metern (39 Schuh, der Schuh mit etwa 25 Zentimeter berechnet) betrifft die südliche Begrenzungsmauer, die ihren Verlauf parallel zur großen Schlossgasse – seinerzeit Brücke genannt – nahm. Sie war entsprechend der Zeichnung umgerechnet etwa 2,25 Meter, am Eingang auf der Ostseite sogar etwa 2,75 Meter hoch.[56] Nach Westen war das Wasserbecken ebenfalls von Mauerwerk umgeben. Die nördliche Begrenzung bot der Fels unterhalb der Kapelle (Abb. 12).

Dieser Beschreibung zufolge musste an dem angegebenen Standort ein entsprechendes Becken aus dem Fels

---

[53] FB Gotha, Chart A 2054, Bl. 19 a.

[54] Aktenkonvolut Heldburg, Bau- und Beßerung deß Schloßes Heltpurgk, Bl. 190.

[55] Wilhelmi, Gottfried, Amtsbeschreibung des Hochfürslichen Sächsischen Amtes Heldburg 1665

[56] Auf der Zeichnung ist zu lesen: „Die Mauer A 9 schue hoch, B 11 Schuch hoch“.

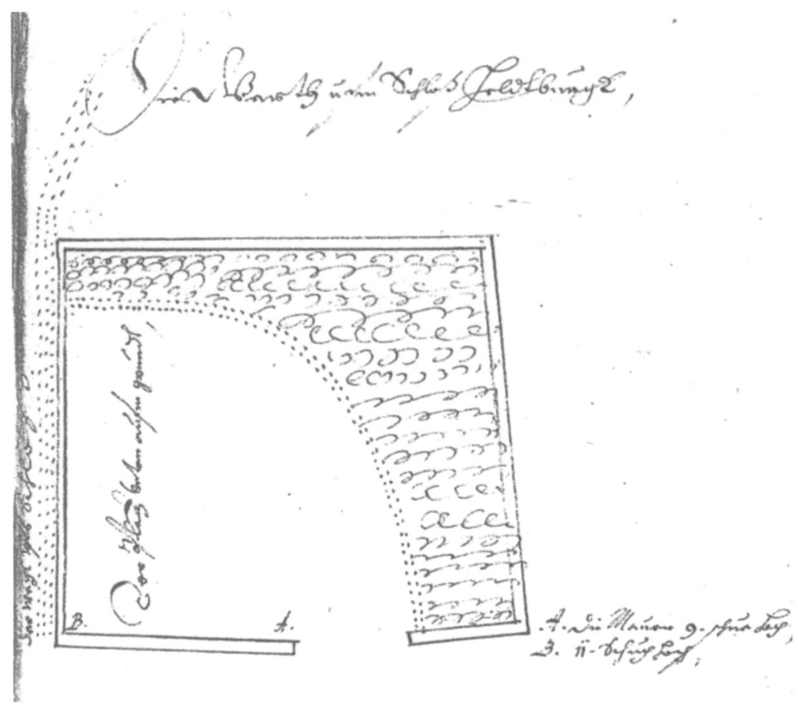

Abb. 12 Veste Heldburg, Planskizze der Pferdeschwemme

herausgehauen worden sein, das nötigenfalls nach unten zusätzlich abgedichtet war, damit kein Wasser auslaufen konnte. Der Zugang erfolgte von der großen Schlossgasse gegenüber dem Südflügel des Französischen Baus.

Im Jahr 1564 war eine Überwölbung vorgesehen, wie eine Anweisung besagt: „Die Wedthe beym dorhausse zu vberwelbenn Ist angeschlagen vff xxiiii gulden"[57]. Auf dieser Überwölbung sollte Holz gelagert werden. Es ist nicht belegt, ob diese auch tatsächlich ausgeführt wurde. Eine größere Reparatur lässt die Jahresrechnung von 1585 erkennen, nach welcher an Maurermeister Fritz und Konsorten sieben Gulden und neun Groschen für 39 Tage Arbeit „[…] die Mauer von der Weth ringsumb ein 6 oder mehr schuh

---

[57] Aktenkonvolut Heldburg, Bau- und Beßerung deß Schloßes Heltpurgk, Bl. 186.

auszubrechen und mit großen neuen quaderstucken wieder auszusetzen."[58] Zu den Kosten kamen noch drei Gulden und drei Groschen für die Anfuhr der neuen und das Wegschaffen der alten Steine sowie drei Gulden und vier Groschen Futterkosten an die Fuhrleute. Die Steine für diese Mauer konnten vom Vorrat genommen werden, der von den Bauarbeiten am Französischen Bau übrig geblieben war. Auch im 17. Jahrhundert wird die Pferdeschwemme noch bei Reparaturarbeiten erwähnt.[59]

In den Jahren 1712 bis 1724 war auf der Veste Heldburg die „Garde zu Fuß" des Fürstenhauses Sachsen-Hildburghausen stationiert. In den Rapportberichten der Festungskommandanten wie auch in Berichten der nachfolgenden Zeit der Nutzung als Gefängnis bis zur Aufgabe der Anlage gibt es keinen Hinweis auf eine Pferdeschwemme. Im 19. Jahrhundert wurden an diesem Standort, nachdem er mit Mutterboden aufgefüllt worden war, im Zuge gärtnerischer Maßnahmen einige Eiben angepflanzt. Ein Gewittersturm im Jahr 2000 vernichtete zwei von ihnen. Beim anschließenden Aushub der Wurzelstöcke konnten in den Erdgruben keine Befunde der einstigen Pferdeschwemme angetroffen werden.

Bei den zahlreichen Besuchen hochrangiger Fürsten im 16. und 17. Jahrhundert waren zum Teil mehrere Hundert Pferde als Reit- und Transporttiere beteiligt. Dafür war die Pferdeschwemme kaum ausreichend. Da am Fuße des Burgberges der Hundshaucker See angelegt worden war, wäre dort eine weitere Möglichkeit für die Abkühlung und Pflege der Pferde – auch noch nach Aufgabe der Pferdeschwemme auf der Veste – zu nutzen gewesen.

---

[58] Aktenkonvolut Heldburg, Bau-Rechnung vom Schloss zu Heldburg 1585, Bau-Memorial, Bl. 1–11.
[59] LATh – StAM, Amtsarchiv Heldburg Nr. 252: Am 25. Juni 1616 erteilte Jörg Hack, der Rentmeister des Herzogs Johann Casimir, die Weisung: „Das Mäuerlein an der Weth soll gemacht werden."
LATh – StAM, Amtsarchiv 576: Im Reskript des Herzogs Ernst zu Sachsen an den Rat und Amtmann zu Heldburg und Königsberg, Antonius Heher, 4. Juli 1654 sind neben anderen Anordnungen die Maurer angewiesen worden, nunmehr mit der vor einem Jahr beantragten Reparatur der Schwemme zu beginnen.

Wenige Meter unterhalb der Pferdeschwemme befand sich das äußere Tor mit der Zugbrücke und dem Halsgraben. Bereits im Urbar Bertholds VII. von Henneberg, beginnend ab dem Jahr 1317, wird aufgezählt, dass das Heldburger castrum neben Steinhaus, Ringmauer und Wall auch über eine Zugbrücke verfügt.[60] Aufgrund der Geländesituation des Basaltkegels war der Burggraben auf den Bereich vor dem Eingangstor beschränkt. Bei hochgezogener Zugbrücke bot der Halsgraben ein Hindernis für gewaltsame Eindringlinge oder beim Ansturm auf das Burgtor (Abb. 13).

Von der ursprünglichen Torsicherung aus dem 16. Jahrhundert ist gegenwärtig nur noch die Zwingermauer mit dem Torbogen des äußeren Tores zu sehen, dem der Halsgraben vorgelagert war. Auch dieser Graben war mit Wasser zu versorgen. Eine Anweisung aus dem Jahr 1562 berichtet von dem Graben, aus dem das Wasser abgelassen werden sollte, weil die hintere Schlossbrücke zu machen war.[61]

Von der Brücke ist des Öfteren in den alten Amtsrechnungen zu lesen. So ging es beispielsweise in den Jahren 1500 und 1508 um Arbeiten an der Brücke „[…] zwischen den beiden Toren".[62] Nickel Leipold, Amtmann der Veste Heldburg, beklagt 1639 in einem langen Brief an die Herzogliche Kanzlei in Coburg die großen Schäden und Mängel auf der Veste Heldburg, unter anderem: „Die Brucken sehr ausgangen, die Scholhölzer[63] verfault und zerrissen […]."[64] Hier ist allerdings zu bemerken, dass

Abb. 13 Veste Heldburg, äußeres Zwingertor, dem der Halsgraben und die Zugbrücke vorgelagert waren

---

[60] Vgl. Schmidt, Michael: Veste Heldburg, Amtlicher Führer, Stiftung Thüringer Schlösser und Gärten, München/Berlin 2001, p. 16.
[61] Vgl. Gröschel, 1892.
[62] LATh – StAM, Ältere Rechnungen, Amtsrechnung Heldburg 1500, 1508.
[63] Auch Schalhölzer genannt, geschälte und mitunter auch gespaltene Hölzer.
[64] Staatsarchiv Coburg, LAF 10125.

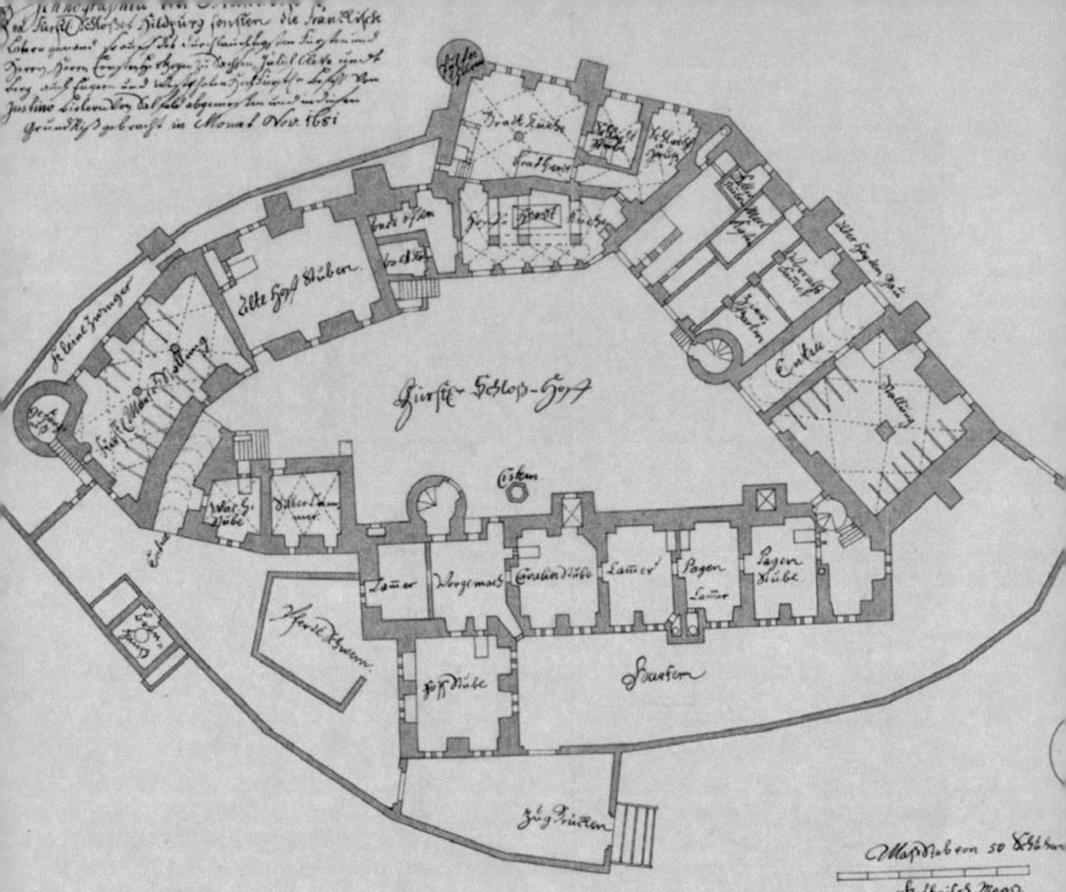

Abb. 14 Veste Heldburg, Grundriss, 1681, unten links die
Zugbrücke, die Pferdeschwemme und das Brunnenhaus

als Brücke der gesamte Weg vom äußeren Tor bis zum
Eingangstor in die Veste bezeichnet wurde, wie aus einem
Kostenanschlag des Amtsschossers Andreas Götz vom 3.
Juli 1623 hervorgeht.[65] Dieser beschreibt, dass die Brücke
210 Schuh lang, 90 Schuh vom äußeren bis zum mittleren
Tor und 120 Schuh vom mittleren bis zum inneren Tor
gegenüber dem tiefen Brunnen sei. 1623 wurden für die
Erneuerung dieser sogenannten Brücke, unter Verwendung
alter noch brauchbarer Hölzer, 50 neue Eichen benötigt.
Mit den bitteren Erfahrungen dreimaliger Einnahmen

---

[65] Aktenkonvolut Heldburg, Acta des Amtes Heldburg über
Baulichkeiten auf dem Schlosse und Amte 1597–1659, Bl. 33.

34

und Plünderungen im Dreißigjährigen Krieg war es erneut notwendig geworden, das Tor besser zu sichern. Dazu sollte unter der Zugbrücke einstweilig ausgeräumt werden, dann waren einige Pfähle und eine Schwelle einzusetzen, worauf die Brücke geschlagen werden sollte. Außerdem mussten Steine angefahren werden, damit die Mauer schnell wieder instand gesetzt würde (Abb. 14).[66]

Genauer beschrieben wird die Zugbrücke im Inventarverzeichnis des Jahres 1669: „Eine Zugbrücken, mit zwei starken Zugketten unten und oben mit starken Bändern gefasst, zwei Zapfen, Pfannen und 4 Zinken, Wehr, zwei Anhängketten und Kloben und vier Eisen und zwei Nägel darinnen, die Zugbrücken oben gehet, mit zwei kleinen Ketten zum Aufziehen, vier Klammern samt zwei Drehriegeln aussen in der Schwellen, damit die Brücke wieder gehalten wird."[67] Die letzte Nachricht ist dem Rapportbericht des sachsen-hildburghäusischen Festungskommandanten, datiert auf den 13. August 1718, zu entnehmen: „Heute habe ich die Unterpariere sambt der Zugbrücke durch den Schmied und Zimmermann reparieren laßen und solle heute auch wieder geschloßen und aufgezogen werden."[68]

Abb. 15 Veste Heldburg, Grabungen vor dem äußeren Zwingertor

---

[66] LATh – StAM, Amt Heldburg Nr. 2131.
[67] LATh – StAM, Ältere Rechnungen, Amtsrechnung Heldburg 1669 (Inventar).
[68] LATh – StAM, GA Hbn, XXII, 36 n. pag.

Von der Brücke selbst oder deren Vorrichtungen gibt es keine Bauspuren mehr. Lediglich die Steinangeln für das ehemalige Tor befinden sich noch im Mauerwerk (Abb. 15). Bei archäologischen Grabungen des Thüringischen Landesamtes für Denkmalpflege und Archäologie im Jahr 2001 konnte der einstige Halsgraben teilweise freigelegt werden[69]. Er beginnt einen Meter rechts von der Torleibung und reicht bis zum Ende der Frontmauer, in welcher sich das Tor befindet. Das entspricht einer Länge von 6,80 Metern. Die Breite beträgt oben 3,60 Meter und verjüngt sich nach unten auf 3,20 Meter. Die vier Seitenwände sind aus grobkörnigem Mauerwerk, in dessen Fugen Kalkreste angetroffen wurden. Der Graben ist 3,20 Meter tief. Der Boden des Grabens bestand aus einer Lösslehmschicht in einer Mächtigkeit von 80 Zentimetern. Da dieser Lehm von gleicher Beschaffenheit war wie derjenige aus anderen Grabungen auf der Veste, schlussfolgerte der Archäologe Thomas Spazier, dass man als Abdichtung nach unten den geologischen Bestand belassen und auf dessen Undurchlässigkeit vertraut hatte.

Der Halsgraben wurde nicht vollständig freigelegt. Daher kann nicht gesagt werden, ob auf der anderen Seite eine Öffnung vorhanden war, durch welche Wasser abgelassen werden konnte, wie es zum Beispiel zu den Reparaturen im Jahr 1562 angeordnet war. Nach Abschluss der Grabungen und Dokumentation der Ergebnisse wurde der Halsgraben im Jahr 2001 wieder verfüllt. An die Qualität des Wassers zum Füllen des Halsgrabens dürften keine Anforderungen bestanden haben. Hier konnte das Wasser von der Pferdeschwemme aufgenommen werden, wenn diese gereinigt wurde, oder es könnte überschüssiges Oberflächenwasser eingeleitet worden sein.

---

[69] Die Dokumente dazu befinden sich im Archiv des Thüringischen Landesamtes für Denkmalpflege und Archäologie, Weimar.

In der Zeit des frühen 16. Jahrhunderts waren in der Gesindeliste der Veste Heldburg durchschnittlich 15 bis 20 Personen aufgeführt[70]. Darunter befanden sich fünf reisige Knechte[71], die je ein Pferd führten. Ebenfalls je ein Pferd dürften der Vogt und der Zentgraf beansprucht haben. Ein Pferd benötigt pro Tag zirka 30 bis 50 Liter Wasser. Würde man im Weiteren den Wasserbedarf von Nutzvieh, wie beispielsweise zwei Kühen, vier Schweinen und überdies noch einer angemessenen Zahl an Geflügel annehmen, zuzüglich der Menge, die die angegebenen Personen mit je fünf bis sechs Litern benötigten, so wäre von einem täglichen Wasserverbrauch von 450 bis 500 Litern auszugehen. Dabei sind die zusätzlichen Anforderungen der Versorgung gelegentlicher herrschaftlicher Hoflager oder Besuche, notwendiges Gießwasser für die Nutzgärten oder Löschwasser für den Fall von Bränden noch nicht einkalkuliert.[72] Hätte es nur sechs Wochen lang nicht geregnet, wäre der Vorrat von 20.000 Litern Wasser in der Zisterne aufgebraucht gewesen. Je nach Situation des Wetters beziehungsweise der Ergiebigkeit von Niederschlägen wurde eine kontinuierliche Wasserbereitstellung häufig zum Problem.

Ab 1558 wurden umfangreiche Baumaßnahmen in Angriff genommen, die den größten Teil der Burganlage betrafen. Den Höhepunkt bildete der neue Schlossbau nach italienischen und französischen Vorbildern, der später als ein Musterbeispiel der deutschen Frührenaissance beurteilt werden und unter der Bezeichnung Französischer Bau in die Burg- und Kunstgeschichte eingehen sollte. Dieses Prestigeobjekt gedachte der ernestinische Herzog Johann Friedrich der Mittlere seinen albertinischen Rivalen in seinen glücklosen Bestrebungen um die sächsische Kurwürde entgegen zu stellen (Abb. 16).

---

[70] LATh – StAM, Ältere Amtsrechnungen 1498–1546.

[71] Soldaten zu Pferde zum Bereiten der Landesgrenze.

[72] Für Löschzwecke werden im Inventarverzeichnis des Jahres 1541 aufgezählt: „25 Ledereimer, nämlichen 14 uffm Schloß und 11 im Vorwerk" (Staatsarchiv Coburg, LAF 10047).

Zunächst wurden für das Bauen selbst größere Mengen Wasser benötigt. Gleichzeit waren aber auch zeitweise mehr als einhundert Handwerker und Hilfskräfte auf den Baustellen mit Trinkwasser zu versorgen. Hinzu kamen noch die Fuhrwerker mit ihren Zug- und Transporttieren. Darüber hinaus galt es zu gewährleisten, dass in der Burg nach Abschluss der Bauarbeiten eine stabile Wasserversorgung für die höheren Ansprüche des künftigen herrschaftlichen Wohnens in dem neuen Renaissanceschloss und für die temporären herrschaftlichen Hofhaltungen mit auserlesenen fürstlichen Gästen vorhanden war. Aus diesen Gründen wurde ab 1558 der Entschluss in die Tat umgesetzt, auf der Veste Heldburg einen Tiefbrunnen in den Fels zu teufen. Im günstigsten Fall hätte man für die Baumaßnahmen und die Versorgung der Bauleute schon Wasser aus dem eigenen Brunnen einkalkulieren können.

Die Entscheidung für den Brunnenbau war zunächst eine Konsequenz aus den unzureichenden Mengen an gesammeltem Oberflächenwasser und der Mühsal des Transports von Wasser aus dem Tal. Ein Brunnenbau auf einer Höhenburg war eine Herausforderung in baulicher Sicht und eine teure Angelegenheit, die nicht jeder Burgherr finanzieren konnte. Der Burgbrunnen war ein Statussymbol, das den Bauherrn auszeichnete. Herzog Johann Friedrich der Mittlere leistete sich diesen Brunnenbau. Über den Brunnen ist in der Amtsbeschreibung aus dem Jahr 1665 zu lesen: „[…]anno 1559 Ist der Brunn auf dem Schloß, so 433 Schuch tief, als 211 Schuch biß aufs Waßer, undt 222 Schuch von Waßer biß auf den grundt zu bauen angefangen undt Anno 1564 vollendet worden.“[73] Wie auch für den Französischen Bau wurde der sächsische Hofbaumeister Nickel Gromann mit dem Brunnenprojekt beauftragt. Die Bauleitung vor Ort hatte dessen in Coburg wohnhafter Schwager, Maurermeister Paulus Weißmann.

---

[73] Anhand der Baurechnungen wurde mit dem Brunnen bereits im Jahr 1558 begonnen. Vgl.: Aktenkonvolut Heldburg, Bauregister vber denn Neuenn angefangennen Brunbau auf dem Schloss zu Helburg Anno 1558 durch Nickolausen Mertten Domals Schosser ingehalten, n. pag.

Abb. 16 Veste Heldburg, Französischer Bau

Die Korrespondenz zum Baugeschehen wurde seitens der Veste vom Amtmann Friedrich Gotzmann und Schosser Nikolaus Merten geführt, seitens des herzoglichen Hauses vom Kammersekretär Hans Rudolf. Da allerdings nicht einzuschätzen war, wie lange es dauern würde, bis Wasser im Brunnen erschlossen werden könne, hatten ebenfalls 1558 die Arbeiten an der Zisterne begonnen. Es war abzusehen, dass sich der Brunnenbau angesichts der geologischen Bedingungen schwierig gestalten würde. Der 403 Meter über NN hohe Burgberg besteht größtenteils aus Phonolith (Klingstein), einem sehr harten, basaltähnlichen tertiären Eruptivgestein. Er erhebt sich in einer isolierten kegelförmigen Kuppe über den umgebenden Semionotus-Sandstein. Beim Zerschlagen zerspringt er in vorwiegend lange Splitter, die äußerst scharfkantig sind und flachmuscheligen Bruch zeigen.[74]

---

[74] Erläuterungen zur geologischen Specialkarte von Preussen und den Thüringer Staaten. LX. Lieferung, Blatt Heldburg, Berlin 1895, p. 32 ff.

Wird mittels einer technischen Anlage Grundwasser für
Gebrauchs- und Trinkzwecke künstlich aufgeschlossen, so
spricht man von einem Brunnen. In der Ebene ist das weniger problematisch, doch von einer Höhenburg aus
stellt die Brunnenbohrung eine außerordentliche Kraft-
anstrengung und nicht zuletzt auch ein Risiko dar.
Grundwasser bildet sich aus der Versickerung von Oberflächenwasser, das durch wasserdurchlässige Schichten
nach unten filtriert und über einer wasserundurchlässigen
Schicht gesammelt wird. Der Burgberg ist vor allem im
oberen Bereich ziemlich steil und kann relativ wenig Oberflächenwasser aufnehmen. Daher besteht dort weniger
Aussicht, auf ein ausreichendes Wasserdargebot zu stoßen.
Hinzu kommt, dass von den Niederschlägen höchstens zehn
bis zwölf Prozent beim Grundwasser ankommen. Etwa 35
Prozent fließen gleich ab und der Rest verdunstet.

Der Baumeister Nickel Gromann hatte ein großes Wagnis
auf sich genommen. Er konnte nicht wissen, in welcher
Tiefe ausreichend Wasser anzutreffen sein würde, wie lange
die Arbeiten dauern sollten, welche unvorhergesehenen
Gefahren auf die Bergleute zukämen, welche Kosten
entstünden und ob nicht im schlimmsten Fall irgendwann
das ganze Unternehmen erfolglos aufgegeben werden
müsste. Sein Auftraggeber, Herzog Johann Friedrich der
Mittlere, konnte sehr unbarmherzig sein. Das geht aus seiner Drohung für den Fall hervor, dass Bauten auf der
Veste nicht zur Zufriedenheit des Fürsten ausfielen und des
Baugeldes nicht würdig wären: „Wurden wir aber Zu vnnser Wils Gott gluglich hinauskunfft befinden, das berur-
tter bau nicht nach vnserm gefallenn vnd brauchenn ge-
machtt where, Wollen wir vnns hiemitt vorbehal-
ttenn haben dich Baumeister Zu einer straff In das
Neue gefengnus Zu setzen lassen."[75] Es ist nicht überliefert,

---

[75] Gröschel zitiert aus Akten des Burgarchivs der Veste Heldburg:
Gröschel, Julius: Aus Lebens-und Arbeitsverhältnissen thüringischer
Baumeister im XVI. Jahrhundert, in: Zeitschrift für Bauwesen,
herausgegeben im Ministerium der öffentlichen Arbeiten, Berlin 1901.

was den Ausschlag zur unmittelbaren Standortwahl für den zu schaffenden Tiefbrunnen auf der Veste Heldburg gegeben hat. Im Falle eines feindlichen Überfalls wäre ein Brunnen im Innenhof der Burg am besten geschützt gewesen. Demgegenüber war hier die Wahrscheinlichkeit, auf den Basaltschlot zu treffen, groß und die Aussicht, auf Wasser zu stoßen, sehr gering. Insofern war die Wahl des Platzes am Rand der äußeren Befestigung, auf dem sogenannten Wall, wesentlich günstiger. Schutz und Sicherheit konnte auch das Brunnenhaus selbst bieten, da es als massiver Turm aus Sandsteinen gemauert und in die Zwingermauer eingebunden werden sollte. Eine Untersuchung des Geländes sollte mögliche Quellbereiche auffinden, in deren Tiefe Grundwasserleiter für den Brunnen erschlossen werden könnten. Der Brunnensucher schreibt dazu: „Die Hohe vonn denn brunnen habe ich abgewogenn. Erstlich uff das waschbrünnlein da das quellein am berglein leitt, finde ich inder Diffe zwanzig lachternn, darnach in derselbigen gruben, hab ich angefangenn, vnd abgelangt bis fur das viehoffelein da das Hoeffelein in der wusten stehett, der brunn der auff liegt, hab ich 17 lachternn, ist die Suma 37 lachternn, waß dieser brunn vnden desto Niderichger leitt, [...]der doben bey der Zigell Huttenn, so habt ir droben bey ihnen bey der Zigel Huttenn desto tiffer vffs wasser das achter in Hohe ist des abwegens."[76]

Möglicherweise war damals an einzelnen Stellen des Heldburger Burgberges, wo die Basaltkuppe in den nicht mehr so steilen Abhang übergeht, austretendes Wasser festgestellt worden, so dass man hoffen konnte, einen Quellbereich zu treffen. Dreihundert Jahre später, im Jahr 1840, gibt es zum Beispiel in den Bauakten zum Bau der Burgstraße einen Hinweis auf eine solche vermeintliche Quelle. An einer Stelle in der Nähe der kleinen Schlossgasse trat zu jener Zeit Wasser aus, durch welches diese unbefahrbar geworden und teilweise versumpft war. Da

---

[76] Aktenkonvolut Heldburg, Bau- und Beßerung deß Schloßes Heltpurgk Bl. 11. (Diese Mitteilung stammt vermutlich von Meister Paulus, 1558).

Abb. 17 Veste Heldburg mit anschließendem Bergrücken

man dort einen Brunnen sogar gewünscht hätte, wurde nachgegraben, aber das Wasser versiegte, um zeitweilig an anderer Stelle wieder in Erscheinung zu treten beziehungsweise sich einen Weg zu suchen und schließlich ganz zu versiegen.[77]

Am östlichen Abhang des Burgbergs bildete sich in der Nähe eines ehemaligen kleineren Steinbruchs zuweilen eine Wasseransammlung. Ein privater Grundstücksbesitzer[78] hatte von hier aus Wasser durch eine Rohrleitung, welche die Straße durchörterte, in die Zisterne seines Berggartens geleitet. Mit diesem Wasser versorgte er sich beim gelegentlichen Aufenthalt in seinem Gartenhaus und nutzte ihn zur Bewässerung des Gartens. Diese Wasserstelle ist seit der Erneuerung und Entwässerung der Burgstraße im Jahr 1990 trocken. Auch auf der nordwestlichen Seite ist ein

---

[77] LATh – StAM, Staatsministerium, Abteilung Finanzen, Nr. 7809.
[78] Albert Hofmeister, Heldburg.

42

Abb. 18 Tümpel im Feuchtgebiet Vorderer Elisenkehlkopf

Abb. 19 Schema einer möglichen Wasererschließung
für den Burgbrunnen

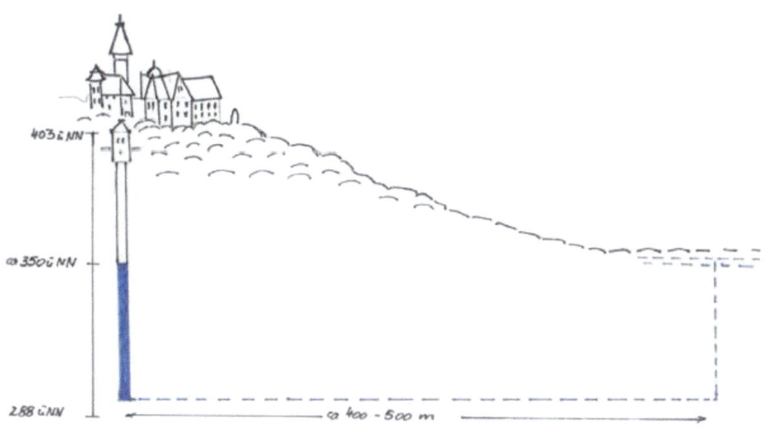

Waldweg häufig durch Nässe beeinträchtigt. Das Niveau dieser genannten Wasseraustritte liegt bei zirka 350–360 Meter über NN.[79] Bei allen diesen Wasseraustritten dürfte es sich um Sickerwasser des Bergkegels handeln, von welchem allerdings keines beim Teufen des Brunnens ankam (Abb. 17).

Ostwärts vom Felssporn vulkanischen Ursprungs, auf welchem die Veste platziert ist, schließt sich ein bewaldeter Bergrücken mit einer Höhe von rund 370 bis 390 Meter über NN an. Etwa 200 Meter von der Veste entfernt stand talwärts seinerzeit die Ziegelhütte, die im Bericht der oben genannten Untersuchung mit angeführt wird. Dort entspringt der Eselsgraben, der später verrohrt wurde. Folgt man dem Bergrücken 300 bis 400 Meter von der Veste entfernt, befindet sich im dortigen Wald ein Feuchtgebiet (Abb. 18). Zahlreiche ältere abwärtsführende Rinnen lassen darauf schließen, dass diese früher einer Entwässerung des betreffenden Areals gedient haben. Da es neben dem genannten Bergrücken weiter keine Hochlagen gibt, kann eine Hypothese aufgestellt werden: In diesem Gebiet müsste auf einer gewissen Höhe ein Grundwasserhorizont anzutreffen sein, dem Wasser über durchflusswirksame Gesteinsfugen und Basaltklüfte zugeleitet wird. Er könnte sich über einen längeren Weg erstrecken. Wäre er nach unten undurchlässig abgeschlossen, würde es sich um gespanntes Grundwasser handeln, das sich nicht nach üblicher Art im Fluss befände. Ein solcher Kluftgrundwasserleiter müsste auch nach oben von einer undurchdringlichen Schicht begrenzt sein. Bei der Bohrung darf die nach unten abdichtende Bodenschicht nicht durchstoßen werden. Wird dieses gespannte Grundwasser durch eine Bohrung erreicht, so ist zu erwarten, dass der Wasserstand im Bohrschacht nach dem Prinzip kommunizierender Röhren mit entsprechendem Druck bis in die Höhe des obersten Niveaus des Grundwasserleiters steigt. Nur so wäre zu erklären, dass der Heldburger Burgbrunnen einen verhältnismäßig hohen Wasserstand von mehr als

---

[79] Flurstücksbezeichnung „Vorderer Elisenkehlkopf".

44

50 Meter erreichen und halten kann (Abb. 19).[80] Die wichtigste Voraussetzung für eine kontinuierliche Wassergewinnung sind in jedem Falle ausreichende Niederschlagsmengen. Wie schnell das Sickerwasser dem Grundwasser zufließt, hängt dann wiederum von der Durchlässigkeit und der Lagerungsdichte des Bodenmaterials ab. Da der Burgberg wie auch der sich anschließende Bergrücken bewaldet sind, dürfte die Verdunstung an der Oberfläche nicht so groß sein.

2.3.2. Technische und organisatorische Voraussetzungen für den Brunnenbau

In der Mitte des 16. Jahrhunderts, als der Heldburger Brunnen in Angriff genommen wurde, gab es bereits Erfahrungen aus dem Bergbau für den Abbau von Gestein, den Bau von Stollen und Schächten sowie Fahrten, die Nutzung von Hebezeugen und Förderanlagen, die Bewetterung und das Wasserziehen. Diese Erfahrungen und Spezialkenntnisse wurden wie ein Geheimnis ehrgeizig gehütet oder bestenfalls mündlich weiter gegeben.

Sehr ausführlich hat Georgius Agricola, Philosoph, Stadtarzt und Bürgermeister der Stadt Chemnitz eine „Gründliche Beschreibung des Bergwerks und alles so dem selbigen anhängig" erstellt, die von der Universität Basel im Jahr 1556 herausgegeben wurde. Anhand dieser Erörterungen können auch Rückschlüsse für den Heldburger Brunnenbau gezogen werden. Gromann hatte vorher schon Brunnen gebaut, unter anderem den 80 Meter tiefen Brunnen auf der Leuchtenburg bei Kahla. Der Heldburger Brunnen sollte eine andere Herausforderung sein, weil hier in ein Basaltgestein geteuft wurde, welches als „eisenhart" bezeichnet wurde. Im Falle harten Felsgesteins, wie es der Heldburger Burgberg bietet, konnte der Brunnenbau nach dem Prinzip Schacht aus dem Vollen ausgeführt werden. Das heißt, dass der Schacht mit kreisförmigem Querschnitt senkrecht abgeteuft werden konnte. Zunächst war es erforderlich,

---

[80] Die Höhe der Wassersäule wurde 2011 wie auch 2017 mit 56 Metern gemessen. Die Wasserförderung ruht seit langem.

eine Baugrubensicherung am Brunnenkopf herzustellen. Dazu musste aus dem zirka 45 Grad ansteigenden Fels eine Grundfläche herausgearbeitet werden, die nicht nur als Ausgangspunkt für das Teufen dienen sollte, sondern die auch eine feste Grundlage als Standfläche für Hebezeuge und Fördertechnik bot. Nach den alten Baurechnungen haben die Bergleute die erste Arbeitswoche damit verbracht, Erdreich und Fels abzutragen und die Haspel aufzurichten.[81] Für die Arbeit im Schacht waren besondere Sicherheitsvorkehrungen notwendig. Es ist von Agricola überliefert, dass beim Brunnenbau Arbeitsgerüste und -podeste in den Schacht einzubauen waren, unter Umständen auch zum Mitwandern.

Die Arbeitsbühnen hatten aufklappbare Öffnungen, damit der Transport der Lasten wie auch das Befahren erfolgen konnten. Mehr Sicherheit boten Schächte, die so geteilt waren, dass eine Fahrt für den Transport des Gesteines und die andere für die Fahrt der Personen bestimmt war. Jede Fortbewegung von Menschen unter Tage nennt man im Bergmännischen fahren, selbst wenn es zu Fuß ist, und jede Leiter unter Tage wird als Fahrte bezeichnet. Welchem Zweck auch eine Teilung des Schachtes dienen musste und ob Gerüste oder Arbeitsbühnen einzubauen waren, in jedem Fall bedurfte es einer sehr großen Menge an Rüstholz und Brettern. Als am 6. Juni 1564 die restlichen Arbeiten des Brunnenbaus aufgelistet wurden, waren auch Kosten für die Arbeiter angefallen, die geholfen hatten, „[...] Holzwerk, das die Bergleute eingebaut hatten, helfen herauszuziehen.“[82]

Der Holzverbrauch erscheint in den alten Leistungsangeboten oder Kostenabrechnungen eher selten, da Holz aus den eigenen Ressourcen des Herrschaftsbereiches genommen wurde. Allerdings murrten die Hildburghäuser Stadträte, als von ihnen im Jahr 1583 weitere Holzlieferungen für Baumaßnahmen auf der Veste abgefordert wur-

---

[81] Aktenkonvolut Heldburg, Bauregister vber denn Neuenn angefangennen Brunbau, n. pag.
[82] Aktenkonvolut Heldburg, Bau und Beßerung Schloss Heltpurgk in Francken, Bl. 184.

den. Sie verwiesen darauf, dass sie in den vergangenen Jahren schon größere Mengen Rüstholz für das bisherige Bauen auf der Veste geliefert hätten und damit ihre Bestände ausgeschöpft wären.[83]

Der jeweilige Arbeitsbereich der am Brunnenbau beteiligten Männer musste geschützt sein. Schon geringe Gesteinsteilchen, die sich lösten und in die Tiefe stürzten, konnten zu schwersten Unfällen führen. Daher wurden bereits beim Teufen in gewissen Abständen seitliche Nischen in die Schachtwände gehauen. Bei der Befahrung des Heldburger Burgbrunnens zum Zwecke der Reparatur der Unterwasserpumpe in den sechziger Jahren des vergangenen Jahrhunderts wurden von den Elektrikern im ausgemauerten Schacht seitliche Nischen angetroffen. Sie beschrieben diese als mannshoch, so dass sich jemand darin unterstellen konnte, wenn abgeschrotetes Gestein oder Arbeitsmaterialien – beispielsweise Steine zum Ausmauern des Schachtes – transportiert werden mussten.[84] Ob auch im unteren nicht ausgemauerten Teil Nischen vorhanden sind, müsste eine Befahrung ergeben. Die Beleuchtung erfolgte in der Regel mit einer Grubenlampe. Das Leuchtmittel bestand aus Talg (Fett von Rindern, Schafen). In den ersten 14 Wochen wurden beim Teufen 28 Pfund verbraucht. Damals wurde der Talg als Unschlitt bezeichnet.[85]

Es ist für uns kaum vorstellbar, wie in großer Tiefe eines Brunnenschachtes noch ausreichend sauerstoffhaltige Luft vorhanden sein konnte, die zum Atmen wie auch für die mitgeführten Arbeitslampen notwendig war. Sowohl durch die Atmung wie auch durch die Verbrennung in den Grubenlampen wurde außerdem ständig Kohlendioxid erzeugt, dass sich am Schachtgrund anreicherte. Das konnte zu gesundheitlichen Beeinträchtigungen für die Bergleute führen. Agricola hatte verschiedene Wettermaschinen beschrieben, die alle dazu vorgesehen waren, Wind zu

---

[83] Staatsarchiv Coburg, LA F, Nr. 10090.
[84] Gespräche der Autorin mit Heinz Knoch und Manfred Steigmeier im Jahr 2005.
[85] Aktenkonvolut Heldburg, Bauregister vber denn Neuenn angefangennen Brunbau, n. pag.

Abb. 20 Haspel zur Fahrt des Bergmanns in den Schacht

erzeugen, ihn aufzufangen und in den Schacht zu leiten. Bei geringeren Tiefen empfahl er den Einsatz von Blasebälgen. Als beim Heldburger Brunnenteufen schon etwa 60 Meter Tiefe erreicht waren, teilte der Zeugmeister Knauff aus Coburg in seinem Brief vom 21. Juli 1563 dem Amtsschosser Merten mit, dass der Blasebalg in Coburg geholt werden könne, aber auch bald wieder zurückgebracht werden solle (Abb. 20).[86]

Eine weitere Möglichkeit der Bewetterung im Bergbau wird von Agricola folgendermaßen geschildert: In den vorgearbeiteten Schacht wird eine hölzerne Trennwand eingebaut. Die Ritzen der Holztrennwand müssen mit Pech und Stroh möglichst luft-undurchlässig abgedichtet werden. Entweder man entzündet in etwa einen bis 1,5 Meter über dem Boden ein Feuer auf einem Gitterrost, von welchem durch die heiße Abluft auf der einen Seite des geteilten Schachtes die Frischluft auf der anderen Seite angesogen wird und damit die Atemluft für die Arbeiter bringt, oder das Feuer wird am oberen Zugang zum Brunnenschacht entfacht. Dabei muss die Feuerstelle derart eingehaust sein, dass auch hier die heiße

---

[86] Aktenkonvolut Heldburg, Korrespondenz des Baumeisters Nickel Gromann und andere Schriftstücke über den Schlossbau zu Heldburg 1558–1567, Bl. 74.

48

Abb. 21 Einsatz des Blasebalgs für die Zufuhr von Frischluft
und den Abzug verbrauchter Luft

Abluft des Feuers verbrauchte Luft aus dem Schacht ansaugt und damit U-förmig frische Luft von oben in den geteilten Schacht führt. Hierbei darf aber der Schacht nicht durch eingebaute Podeste oder Arbeitsebenen eingeschränkt sein. Es ist nirgends belegt, ob ein solches Verfahren auf der Veste tatsächlich angewandt wurde. Axel W. Gleue nennt Erkenntnisse aus jüngeren Befahrungen der Brunnen auf Burg Stolpen (82 Meter), Festung Wülzburg (133 Meter) und Festung Königstein (152 Meter) wie auch auf dem Otzberg (zirka 50 Meter), dass allein die natürliche Thermik, entstanden durch die Körpertemperatur und die Wärme der Leuchten, den notwendigen Luftaustausch im Schacht hinreichend sicherstellen kann (Abb. 21).[87]

---

[87] Vgl. Gleue, Axel W.: Aspekte zum Bau mittelalterlicher Burgbrunnen

Abb. 22 Haspel mit Schwungrad, Haspelwinde (Drehkreuz) und Haspelhorn (Kurbel)

Eine wichtige Rolle nehmen beim Brunnenbau die Hebezeuge ein, die sowohl für die Fahrten der Bergleute wie auch zur Förderung von Gestein und Wasser unabdingbar sind. Brunnenfahrten waren zum Teil auch fest in der Wand verankerte Leitern, auf denen die Bergleute ab- oder aufwärts stiegen. Dass sich im Brunnen der Veste eine Leiter befand – möglicherweise für gelegentliches Fegen (Reinigung) des Brunnens –, lässt sich aus der Vergütung des Grobschmieds „[...] für 2 Klammern zur Stiegen in den tiefen Brunnen" schließen.[88]

in: Wasser auf Burgen im Mittelalter, hrsg. von der Frontinus-Gesellschaft e. V. Landschaftsverband Rheinland und dem Rheinischen Landschafts-Amt für Bodendenkmalpflege, Mainz am Rhein 2007, p. 276.
[88] LATh – StAM, Ältere Rechnungen, Amtsrechnung Heldburg 1610.

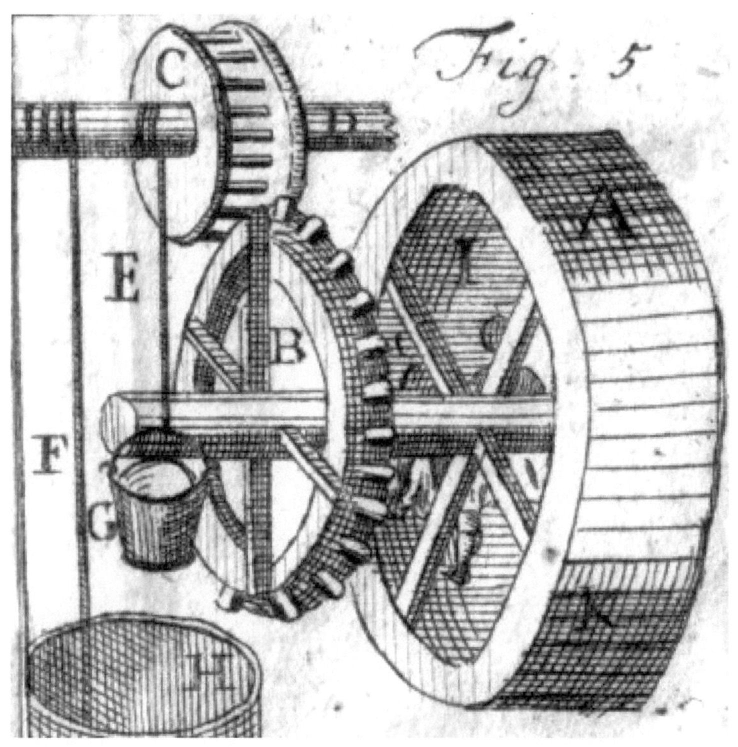

Abb. 23 Tretmühle zum Heben von Eimern

Die Haspel war das allgemein gebräuchlichste Gerät zum Heben und Senken von Lasten, darunter auch zur Beförderung der Bergleute. In seinem Standardwerk bezeichnet Agricola die Fahrt auf dem Knebel als die einfachste Art für den Bergmann, in den Schacht zu gelangen. Das geschah mit Hilfe der Haspel (Abb. 22). Die Haspel bestand aus einem stabilen Gestell, auf welchem ein runder Wellbaum montiert und darauf das Seil gewunden wurde. Am Seil hingen die Behältnisse, in denen die Lasten nach unten beziehungsweise nach oben befördert werden konnten. So auch der Knebel, auf welchem der Bergmann saß. Durch je eine Kurbel oder Winde an den Enden des Wellbaumes wurde dieser gedreht. Hierzu wur-

den starke Männer gebraucht.[89] Bei zunehmender Tiefe reichte eine einfache Haspel nicht mehr aus. Je tiefer der Schacht wurde, desto größer wurde die Last durch das Eigengewicht der Seile oder Ketten und umso komplizierter wurden die Anforderungen an die Hebezeuge. Am weitesten verbreitet waren Lauf- oder Treträder, wie sie schon seit dem Altertum zum Befördern größerer Lasten gebräuchlich waren. Ein Laufrad war mit Sprossen versehen, hatte in der Regel einen Mindestdurchmesser von drei Metern und war drehbar gelagert. Die Innenfläche (Lauffläche) war mit rutschmindernden Trittleisten belegt. Das Rad selbst wurde von ein bis zwei Arbeitern bedient, die darin liefen und das Rad in Bewegung setzten. Durch eine entsprechende Übersetzung wurde die Kraft vom Laufrad auf die Achse der Winde für das aufzuwickelnde Seil übertragen und so die daran befestigten Eimer befördert (Abb. 23).

Je nach Übersetzung und dementsprechend mehr Zeit kann mit einem Laufrad, auch Tretmühle genannt, ein Vielfaches des Körpergewichts der dazu eingesetzten Person gehoben werden. So könnte beispielsweise ein Radläufer mit einem Körpergewicht von 75 Kilogramm einen Steinquader mit etwa einer Tonne in rund drei Minuten neun Meter hoch heben. Auch Tiere konnten je nach Anforderungen an die Kraft eingesetzt werden (Abb. 24).

Für ein Rad als Hebemaschine auf der Veste Heldburg gibt es Hinweise in älteren Dokumenten. In der Amtsbeschreibung von Wilhelmi (1665) heißt es: „Ein Zihebrunn auf dem Schloss Heldburgk mit Einem großen Radt [...].“[90] Ein Inventarverzeichnis aus dem Jahr 1669 zählt für das Brunnenhaus auf: „Eine Tür mit zwei eisernen Banden,

Abb. 24 Ronneburg, Burg Ronneburg, Brunnentretrad

---

[89] Anlässlich einer Reinigung des Brunnens, fünf Jahre nach dessen Fertigstellung, wurden Reparaturen an der Haspel vom Grobschmied abgerechnet. Es mussten ein neuer Wellenbaum mit allem Zubehör sowie neue Haspelhörner gemacht werden. Vgl.: LATh – StAM, Ältere Rechnungen, Amtsrechnung Heldburg 1569.
[90] Landesarchiv Thüringen – Staatsarchiv Gotha (LATh – StAG), Archiv OO II Nr. 9, Bl. 272.

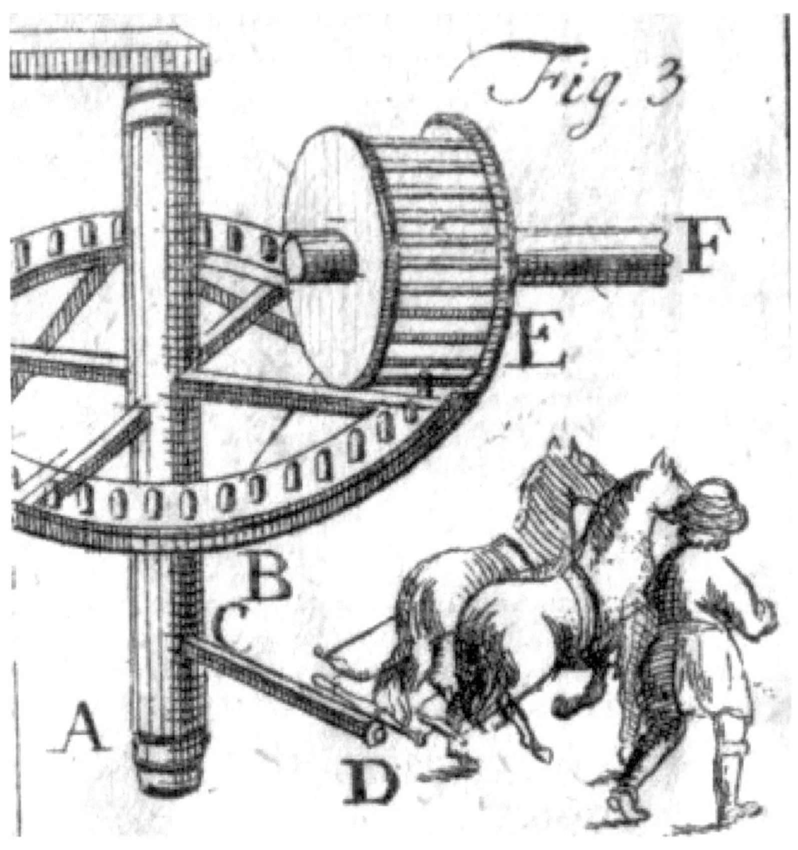

Abb. 25 Pferdegöpel zum Antrieb des Wellbaumes

Hacken, ein altem Schloss, Vorlagketten und Kloben. Ein großes Tritrad nebst einem kleinen Kammrad mit zwei eisernen Zapfen, 6 Rinken, einer eisernen Pfann und vier Klammern. Eine Wellen zum Seilen, oder Ketten mit zwei Zapfen, 6 Rienken, 3 Bogeneisen über die Zapfen Sieben starke eiserne Nägel in der Wellen am Seil. Ein Bronngestell, woran vier Klammern, ein Kettlein zum Anhängen des großen Rads, ein eiserne Klammer am Trittrad, ein klein Fenster in der Radstube mit zwei Windeisen und zwei Kettlein mit zweien Zwergeisen in einem Fenster [...]."[91]

---

[91] LATh – StAM, Ältere Rechnungen, Amtsrechnung Heldburg 1669 (Inventar).

54

In der Zeit, als die Garde zu Fuß des Hildburghäuser Fürstenhauses auf der Veste stationiert war und gleichzeitig an dem großen Festungsbollwerk gearbeitet wurde, bestand ein höherer Wasserbedarf, dem man mit effektiveren Fördermethoden zu entsprechen versuchte. Dem Angebot des Hellinger Müllers Elisias Unger zum Bau einer Rossmühle wurde im Jahr 1713 stattgegeben. Für dieses Rosswerk wurden „[...] 2 Wellen, 1 Kammrad von 6 Schuh und ein Stirnrad von 5 Schuh hoch und zwei Trilles mit sechzehn Gulden Lohn [...].“[92] bewilligt. Anhand dieser Bestandteile für die Rossmühle dürfte es sich um eine Göpelanlage für ein Pferd oder einen Ochsen gehandelt haben. Ein Zugtier leistet an einem Göpel etwa siebenmal so viel wie ein Mensch.

Ein Göpel bestand aus einer zumeist vertikalen, mittels langer Hebel in Drehung versetzten Hauptwelle. Die Antriebswelle beim Göpel wurde Spindelbaum oder Ständerbaum genannt, sie bestand aus einer hölzernen Säule, die sich um ihre eigene Achse drehte. Oben am Spindelbaum war der Treibkorb befestigt. Im unteren Bereich des Spindelbaums befanden sich mehrere Hebelarme, die sogenannten Kreuzbäume, mit denen die Achse in beide Richtungen gedreht werden konnten. Auf den Treibkorb wurden die Förderseile oder Förderketten gegensinnig aufgewickelt, dadurch konnten gleichzeitig zwei Lasten in unterschiedlicher Richtung bewegt werden. Für den Göpel bei der Wasserförderung hatte dies den Vorteil, dass dadurch das Leergewicht des herabfahrenden Eimers überwiegend ausgeglichen wurde. Damit das Pferd die kreisförmige Bewegung im Göpel nur wenig spürte, musste der Schwengel möglichst lang sein. Bei Pferden durfte der Schwenkbaum nicht kürzer als 4,50 Meter sein. Das erforderte ein Haus zum Schutz der Pferde und des Wasserknechtes vor Zugluft mit einem Durchmesser von mindestens zehn Metern. Aus den Rapportberichten der Offiziere des Fürstenhauses Sachsen-Hildburghausen[93]

---

[92] Ebenda.

[93] LATh – StAM, GA Hbn, XXII. Ich danke Oliver Heyn M.A. für die aus diesem Dokument zur Verfügung gestellten Informationen, die er

geht hervor, dass der Brunnenknecht jeden Tag vier bis fünf Stunden mithilfe des Ochsen Wasser fördern musste und dabei den Bedarf nicht einmal völlig decken konnte (Abb. 25).[94]

Später schien man wieder das Rad für die Wasserförderung zu nutzen. Im April 1783, als die Veste noch als Gefängnis diente, meldete ein noch dort wohnender Invalide dem herzoglichen Haus, dass heldburgische Stadtjugend mit Mutwillen das Treibrad des Brunnens derart getreten hätte, dass die Ketten gesprungen und beide daran befestigten Eimer in den Brunnen gestürzt seien. Daher habe man nun kein Wasser auf der Veste.[95] Einer anschließenden Stellungnahme zufolge soll der Burghauptmann Obrist von Tillig Kindern des Öfteren befohlen haben, das Rad zu treten, um das Wasser zu konservieren.[96]

Der Amtsverwalter Radefeld erinnert in seinem Bericht an die herzogliche Kammer vom 22. Juli 1783 daran, dass sein Antrag auf Wiederherstellung der Brunnenförderung abgewiesen wurde und daher kein Wasser auf der Veste vorhanden sei. Allerdings habe ihm der Herzog Joseph Friedrich[97] versichert, „[…] es ja an nichts so zur Erhaltung und Sicherheit abzwacken, ermangeln zu lassen und alle hierfür dienlichen Kosten von fürstl. Hochderselben

---

bei den Recherchen im Rahmen seines Dissertationsprojektes „Das Militärwesen des Fürstentums Sachsen-Hildburghausen 1680–1806" an der Otto-Friedrich-Universität Bamberg (Prof. Dr. Mark Häberlein) erschlossen hat.

[94] LATh – StAM, GA Hbn, XXII, 11. Februar 1722: „Sonsten will sich auch alhier unter dem Gesindte oder Dienstbothen einige Strittigkeit ereignen, wegen des Brunnen, indeme die Dienstbothen haben wollen, daß der Brunnenknecht ihnen Waßer führen soldte, wann sie es verlangten, auch die Herren sich darein melieren und ihre Gesindte darinnen stärcken, da doch der Brunnenknecht alle Tage vier biß fünff Stundte Waßer führet und ich nicht mehr als einen Ochßen habe der in Brunnen gehet, so müßen die Ochßen auch auff die Weydte gehen, auch sonsten darbey arbeitten, was auff der Vestung zu thun ist."

[95] Aktenkonvolut Heldburg, Acta Camera betreffend das Bauwesen. Bl. 54.

[96] Wenn aus Brunnen längere Zeit nicht gefördert wurde bestand Gefahr, dass das Wasser mit der Zeit ungenießbar wurde.

[97] Prinz Joseph Friedrich (*1702, +1787) war seit 1780 Prinzregent von Sachsen-Hildburghausen, in Radefelds Bericht als Herzog bezeichnet.

56

restituiert werden soll."[98] Einen nochmaligen Hinweis auf das Vorhandensein eines Brunnenrades gibt es in einer Inventarliste des Jahres 1875. Auf der Empore der Kirche im Heidenbau befanden sich noch eine Brunnenradrolle und Teile des Brunnentretkranzes.[99] Für die Eimerförderung aus dem Brunnen wurden Seile gebraucht. Das erste Seil, das 1564 für die Wasserförderung angefertigt wurde, hatte eine Länge von 166 Metern und ein Gewicht von 61,5 Kilogramm. Gezahlt wurden dafür zwölf Gulden.

An die Hanfseile, die in sehr großen Längen angefertigt werden mussten, wurden große Anforderungen gestellt. Um den Verschleiß der aufwändig herzustellenden langen Seile zu veranschaulichen, sollen nur einige Neuanschaffungen erwähnt werden. 1588 steht: „17 Gulden 9 Groschen an Meister Hansenn Seiler zu Coburgk zalt vor ein Neu Brunn Seil zum Bronn uffs Schloss so 122 Pfund gewogen Jedes für 3 große Groschen zahlt."[100] Für die Jahre 1592 und 1595 wurden weitere Seilkäufe abgerechnet. Das längste Seil könnte das 1609 bei Hans Christens in Coburg gekaufte gewesen sein, das auch das bisher größte Gewicht eines Seiles hatte: „Der Seiler macht ein neues Seil zum tiefen bronn aufm Schloß Heltburgk welches 100 Klafter lang[101] und 158 Pfund gewogen, jedes Pfund zu drei Patzen."[102] Die Hanfseile mussten regelmäßig mit Unschlitt geschmiert werden, um sie geschmeidig zu halten und ihre Lebensdauer angesichts der starken Belastungen zu verlängern.[103] Beim Einsatz von Ketten anstelle von Seilen erhöhte sich das Fördergewicht beträchtlich. Dass nun mittlerweile auch Ketten benutzt worden waren, die unter Umständen andere

---

[98] Aktenkonvolut Heldburg, Acta Camera betreffend das Bauwesen. Bl 55.
[99] LATh – StAM, Hofmarschallamt, Hofbauamt Nr. 91.
[100] LATh – StAM, Ältere Rechnungen, Amtsrechnung Heldburg 1588/89.
[101] Das Klafter wurde zwischen 1,70 und 1,80 Meter angenommen.
[102] LATh – StAM, Ältere Rechnungen, Amtsrechnung Heldburg 1595/1610.
[103] Unschlitt wurde nicht nur für die Seile, sondern ebenso für das Schmieren der Wellenlager gebraucht.

Abb. 26 Bremsrad am göpelbetriebenen Wellbaum

Vorrichtungen erforderten als einfache Seilzüge und Winden,
ist an den Problemen zu erkennen, die 1712 auftraten.[104]
Die Kette war immer wieder zersprungen und für nicht
mehr tauglich gehalten worden. Selbst für den Einsatz des
Ochsen an der Rossmühle wurde das Gewicht zu schwer.[105]
Auf die Anwendung der Technik, bei welcher ein leerer
Eimer an der Kette nach unten führte und dabei mit

---

[104] LATh – StAM, Staatsministerium, Abteilung Finanzen, Nr. 1461.
[105] LATh – StAM, GA Hbn, XXII.

58

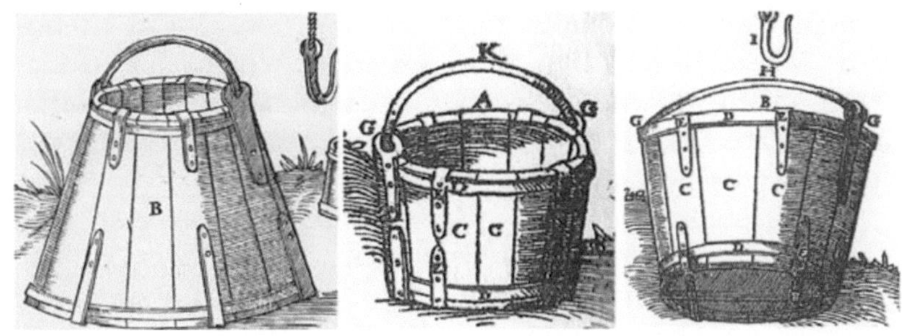

Abb. 27 Eimer zum Heben von Wasser

deren Gewicht zugleich den anderen, vollen Eimer nach oben zog, weist die Niederschrift einer Visitation von 1795 hin: „[…] Zum Beschlusse der heutigen Besichtigung verfügt sich die Versammlung in das Brunnenhaus, wo man das größte Stück der Zugkette nebst dem einen Kübel vermisste, indem nur noch ein Stück 80 Schuh lang nebst dem anderen Kübel vorhanden ist, […] dass jenes schon vor etlichen Jahren abgerissen und in den Brunnen gefallen, daraus aber aller angewandter Mühe ungeachtet, nicht wieder zu bekommen gewesen sei."[106] Vielleicht war auch der Anker verloren gegangen, der noch im Inventar von 1669 aufgeführt worden war: „Ein eiserner Anker wann es in Brunnen gefallen, damit herauszulangen."[107] Wichtig bei der Wasserförderung war, dass die Konstruktion eine Bremse enthielt, um die Fördertechnik festzuhalten, wenn der volle Eimer oder Kübel herauszuziehen war und entleert werden musste. Sie diente auch zur Steuerung, wenn die Last des leeren Eimers in der Tiefe durch das Gewicht des Seiles oder der Kette größer geworden war als die des oben ankommenden gefüllten Eimers. Die Bremse bestand aus einer runden Scheibe, die am Wellbaum angebracht war und an die ein Bremsklotz gedrückt wurde, wenn das Rad angehalten werden musste. Die Reibung der Bremsscheibe auf dem Klotz war oftmals sehr groß, sodass nicht selten die Funken sprühten. Das Brun-

---

[106] LATh – StAM, Staatsministerium, Abteilung Finanzen, Nr. 1461.
[107] LATh – StAM, Ältere Rechnungen, Amtsrechnung Heldburg 1669.

nenhaus wurde im Jahr 1585 durch einen Brand in hohem Maße beschädigt. Die Ursache hierfür ist unbekannt. Man könnte sich aber vorstellen, dass er durch die erhitzte und schon ins Schwelen geratene Bremsvorrichtung ausgelöst wurde (Abb. 26).

Als Behältnisse zur Wasserförderung wurden am Heldburger Burgbrunnen Eimer aus Holz benutzt, die mit Eisenbändern beschlagen wurden. Sie mussten von Zeit zu Zeit repariert und vor allem wieder mit Eisen beschlagen werden. Anlässlich der Brunnenreinigung im Jahr 1569 wurden zwei neue Eimer aus Eichenholz sowie ein „Pfundskübel" für den Brunnenknecht angefertigt und diese wie auch andere, bereits in Nutzung befindliche, Eimer mit Eisen beschlagen.[108] Auch in folgenden Amtsrechnungen werden wiederholt neue Eimer oder Eisenbeschläge als Reparatur abgerechnet. Bei der Brunnenräumung im Jahr 1876 wurde das Behältnis, mit welchem sowohl die Schutt-massen der Verunreinigung wie auch das Wasser gehoben wurden, als Tonne bezeichnet (Abb. 27).[109]

2.3.3. Das Teufen des Brunnens

Im Bauregister über den neuen angefangenen Brunnen[110] ist zu erfahren, dass sich der Steiger Ulrich Korner und zwei Hauer am Montag, dem 27. Januar 1558 von Ilmenau nach Heldburg begaben und am Dienstag, dem 28. Januar dort ankamen. In den folgenden Tagen waren sie damit beschäftigt, die Haspel aufzustellen und einzurichten, die aus Coburg herbeigeschafft worden war. Neben dem Steiger und den beiden Hauern werden in der Abrechnung noch ein Haspelknecht[111] und ein Junge (Lehrjunge) genannt. In der nächsten Woche haben sie Abraum und

---

[108] LATh – StAM, Ältere Rechnungen, Amtsrechnung Heldburg 1569.
[109] Bauführer Angelroth schilderte in seiner Meldung an den Hofbaumeister über den erfolgreichen Abschluss der Räumungsarbeiten auch sein Missgeschick, bei der Fahrt in den Brunnenschacht aus der Tonne gefallen zu sein, nachdem er am Grund angekommen war (LATh – StAM, Hofbauamt, Nr. 91).
[110] Aktenkonvolut Heldburg, Bauregister vber denn Neuenn Angefangennen Brunbau, n. pag.
[111] Transportarbeiter in der Schachtförderung.

Fels abgegraben und weggeschafft. Am 10. Februar 1558 begann die eigentliche Arbeit am harten Fels, die mit „sinken" oder „sturken" bezeichnet wurde. Fortan waren in jeder Woche meistens fünf Personen tätig. Die Abrechnung der letzten Februarwoche endet mit dem Vermerk, dass der Steiger Ulrich Korner, die drei Hauer und der Junge von Mittwoch bis Sonnabend in dieser Woche Tag und Nacht gearbeitet haben. Dass die Bergleute sich in Schichten abwechselten, ist bei den geringen Platzverhältnissen im Schacht – etwa 2,80 Meter im Durchmesser – denkbar. Am 15. März waren, vermutlich entgegen den Erwartungen, zwei Lachter Tiefe (1 Lachter = zirka 2 Meter) noch nicht erreicht. Daher erfolgte am darauf folgenden Sonntag, dem 16. März in Coburg zwischen dem Amtmann, dem Schosser, Meister Paulus Weißmann als verantwortlicher Bauführer auf der Veste und dem Bergmeister Ulrich Korner eine erneute Verhandlung. In deren Ergebnis wurden weitere 38 Gulden Lohn für die Fortsetzung der Arbeiten bis zu einer Tiefe von vier Lachtern verabredet. Nach 14 Wochen Bergmannsarbeit am Fels war am 13. Mai 1558 dieses Ziel – also zirka acht Meter – erreicht, allerdings ohne einen Tropfen Wasser angetroffen zu haben. Im Jahr 1558 sollte es bei diesem Einsatz bleiben. Die Ausgaben der folgenden Jahre zeigen, dass jeweils nur einige Monate an dem Projekt gearbeitet wurde. Die Bergleute wurden immer nur für einen kurzen Zeitraum „angedingt", also unter Vertrag genommen, stets in der Hoffnung, bald Wasser zu erlangen. Die Fortführung des Projekts wurde vermutlich des Öfteren infrage gestellt. Schließlich war das Geld vielmals knapp, da parallel zum Brunnenbau auch der Französische Bau errichtet wurde. Die Ausgaben für den Brunnen waren auf jährlich vereinnahmtes und verfügbares Amtsgeld beschränkt, während die großen Baumaßnahmen über die fürstliche Kammer (Weimar) abgerechnet wurden. Wäre die Arbeit des Teufens in der gleichen Intensität wie in den ersten 14 Wochen fortgeführt worden, hätte man die Tiefe von 110 Metern bereits nach viereinhalb bis fünf, statt nach sieben Jahren erreichen können.

Abb. 28 Bergmann mit Bergeisen und Fäustel

In der Zeit vom 10. Februar 1558 bis zum 13. Mai desselben Jahres (die beiden ersten Vorbereitungswochen nicht mitgerechnet) hatten die fünf Bergleute – mit einigen Tagen Unterbrechung um die Osterfeiertage – in 417 Tagwerken dem Fels acht Meter abgerungen. Das entspricht einer Wochenleistung der fünf Bergleute von zirka 57 Zentimetern und einer Leistung pro Person und Schicht von knapp zwei Zentimetern. Der Chronist Johann Werner Krauss bezieht sich auf eine Mitteilung des damaligen Amtsverwalters Andreas Volk aus dem Jahr 1642: „Weil der Felsen so hart ist, so haben die Handwercks-Leute wohl einen gantzen Tag darinnen gearbeitet und gepickelt, und doch zu Feyerabend kaum so viel mit heraus gebracht, als einer etwan in seinem Wammes Schooß oder Kittel vorn am Leib hat tragen mögen."[112]

Fast ein Drittel der Gesamtkosten der esten Abrechnungsetappe machten die „Ausgaben für Bergeisen und Schmiedkosten"[113] aus. Vor Beginn der Arbeiten wurden im Januar 1558 in Ilmenau 507 Bergeisen hergestellt und aus einem Eisenstab, der 13 Pfund wog, Fäustel angefertigt. Das Bergeisen war ein spitzer kleiner Keil mit einem Loch, in welchem ein Stiel leicht eingesteckt wurde, so dass es

---

[112] Vgl. Krauss, Johann Werner: Beiträge zur Erläuterung der Hochfürstlichen Sachsen-Hildburghausischen Kirchen-Schul-und Landeshistorie, Greiz 1750, p. 11.
[113] Aktenkonvolut Heldburg, Bauregister vber denn Neuenn angefangennen Brunbau, n. pag.

als kleiner Hammer des Bergmanns dienen konnte. Dieser wurde mithilfe des Fäustels in das Gestein getrieben, um es loszuschlagen (Abb. 28).

Da der Heldburger Phonolith sehr hart ist, nutzten sich die Eisen schnell ab. Die Rechnung des Schmiedes für die 14 ersten Wochen Bergmannsarbeit beläuft sich auf 6.180 Bergeisen, die geschärft oder neu angespitzt beziehungsweise angeschweißt werden mussten. Somit kamen auf jeden der dort tätigen Bergleute pro Tag zirka 15 Bergeisen (Abb. 29).

Zu den Schmiedearbeiten gehörte für diesen ersten Zeitraum auch das Schweißen von 95 abgenutzten Keilen, Kosten für 35 Federn sowie für die Neuanfertigung von 20 Keilen und zwölf Fäusteln. Zwei Keilhauen werden ebenso unter den Schmiedekosten aufgeführt. Diese erste Baurechnung enthält auch die Kosten für die Beleuchtung. Es waren für diesen Zeitraum ein Gulden, neun Groschen und vier Pfennige „[…] für 28 Pfund Licht […].“[114] Auch sogenannte „Gemeine Ausgaben“ in Höhe von vier Gulden, sechs Groschen und sechs Pfennigen gehörten zur Abrechnung. Das betraf die Kosten für Verpflegung und Übernachtung des Bergmeisters anlässlich seines ersten Besuches zur Inaugenscheinnahme des Vorhabens ebenso

Abb. 29 Bergeisen (Nachbildung)

---

[114] Gemeint ist wohl Unschlitt. Als Unschlitt wurde Talg von Wiederkäuern bezeichnet, das als Brennstoff für die Beleuchtung im Bergbau genutzt wurde. Auch Seile wurden damit geschmeidig gemacht.

wie jene für Zehrung und Übernachtung des Bau- und des Zeugmeisters sowie weiterer vier Personen, die den Brunnen und andere Gebäude am Neujahrstag besichtigten. Außerdem enthielt sie die Unkosten, die bei der vertraglichen Vereinbarung der Arbeit mit Termin zum ersten Sonntag nach Neujahr 1558 entstanden waren. Zu vergüten waren der Zimmermann, der geholfen hatte, die Haspel aufzustellen und der dafür auch das Holz zu fällen und zu bearbeiten hatte sowie Botenlöhne für den Nachrichtenaustausch mit dem Bauleiter Paulus, der in Coburg tätig und wohnhaft war.

Die Hauptposten der Abrechnung machten die Lohnkosten für Steiger, Hauer, Haspelknecht und Jungen in Höhe von 66 Gulden und 18 Groschen aus.[115] Damit waren für die ersten 16 Wochen, vom 28. Januar 1558 bis zum 9. Mai 1558 Gesamtkosten in Höhe von 100 Gulden, sieben Groschen und neun Pfennigen entstanden.[116] Die Ilmenauer Bergleute scheinen nicht die ganze Zeit an diesem Brunnen gearbeitet zu haben. Der Chronist Georg Brückner nennt noch den Steiger Hans Blasius und den Bergmeister Hans Kieler aus Saalfeld.[117] Gromann hatte schon beim Bau des Brunnens auf der Leuchtenburg mit Saalfelder Bergleuten gearbeitet. Erst aus dem Jahr 1563 gibt es wieder schriftliche Belege zum Brunnenbau. Es ist nichts darüber mitgeteilt, wie es bis dahin abgelaufen und wie tief man mittlerweile gekommen war. Der Baumeister Nickel Gromann schrieb am 9. Oktober 1563 an Schosser Merten auf der Veste einen Brief.[118] Er berief sich auf die Mitteilung von Merten, dass die Bergleute aus dem Brunnen kein Wasser „auslangen" könnten. Der Bergmeister hatte ursprünglich vorgeschlagen,

---

[115] Aktenkonvolut Heldburg, Bauregister vber denn Neuenn angefangennen Brunbau, n. pag.
[116] 1 Gulden = 21 Groschen á 12 Pfennig = 252 Pfennig.
[117] Brückner, Georg: Landeskunde des Herzogtums Meiningen, 2. Bde. Meiningen 1853, p. 341.
[118] Brief des Baumeisters Nickel Gromann an Schosser Merten vom 9.10.1563, in: Korrespondenz des Baumeisters Nickel Gromann und andere Schriftstücke über den Schlossbau zu Heldburg 1558-1567, Bl. 79, Deutsches Burgenmuseum Veste Heldburg, unsigniertes Dokument.

noch ein Lachter tiefer zu gehen. Da aber bisher noch keine Anzeichen einer Quelle zu erkennen waren, hielten es der Baumeister Gromann und der Saalfelder Berg- und Brunnenmeister Kieler für ratsam, nicht mehr tiefer zu teufen, sondern seitlich „auszulangen", um eventuell einen Quell anzutreffen. Auch die Hauer vertraten die Meinung, dass man seitliche Stollen anlegen sollte. Offenbar waren die Saalfelder Hauer noch vor Ort, denn Bergmeister Kieler machte sich Sorgen, dass ihr Lohn ausbliebe, wenn sie noch 14 Tage warten sollten, bis eine Entscheidung getroffen würde. Man sollte sie doch „ohne Zukunft", das heißt auf unbestimmte Zeit, weiter beauftragen.[119] Es wurden schließlich zwei seitliche Stollen angelegt. Auch diese scheinen kein Wasser erschlossen zu haben, denn es musste anschließend noch etwa 13 Meter geteuft werden. Am 30. Januar 1564 berichtete der herzogliche Sekretär

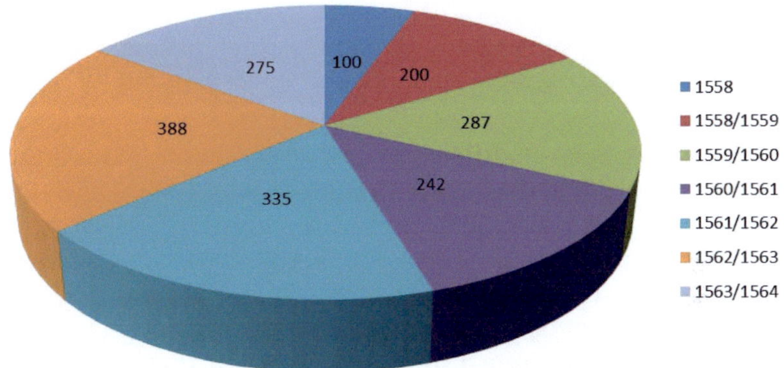

Diagramm 1   Jährliche Ausgaben für den Brunnenbau in Gulden

Hans Rudolf an die Bauherrschaft, dass der Maurermeister Paulus Weismann den Brunnenschacht gerne ausmauern wollte: „[…] So hette er auch daruber gerne gesehenn, das wir mit noch grosserm Costenn den Brunnen, so nuemehr gothlob geweldiget, mit quadratstuckenn […] auffuren hetten mugen, wo Ihme vnnser Baumeister dar-

---

[119] Ebenda, p. 81.

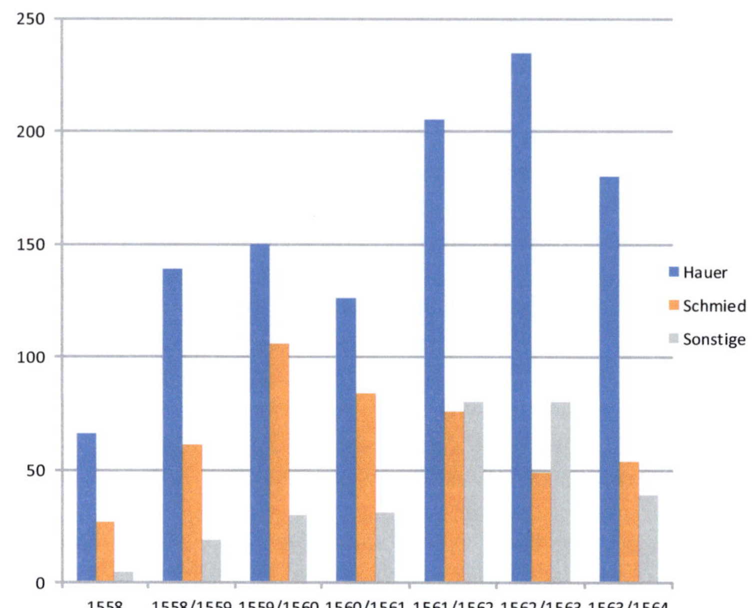

Diagramm 2   Anteilige Ausgaben in Gulden für Hauer-, Schmiede- und sonstige Kosten (Beleuchtung, Zehrung für Bergmeister, Botenlöhne, Seile etc.)

tzu hette wollen nachhengenn."[120] Aus dieser Mitteilung ist zu entnehmen, dass das Brunnenprojekt sein Ziel erreicht hatte und ausreichend Wasser angetroffen worden war.[121] In einem Brief vom 23. März 1564 an Schosser Merten äußert Gromann, dass er mit dem Ausschütten des Wassers aus dem Brunnen wohl zufrieden sei.[122] Am 6. Juni 1564 berichtete Gromann, dass bei der Reinigung des Brunnens das Wasser 28 Lachter, also etwa 56 Meter, hoch gestanden habe.[123] Sieben Wochen später, am 13. Juli 1564 berichtete Gromann, „[...] das also der Brunnenn

---

[120] Aktenkonvolut Heldburg, Bauregister vber denn Neuenn angefangennen Brunbau, n. pag.
[121] Da man mit Weißmann gerade Streitigkeiten wegen der Qualität seiner Arbeit am neuen Schlossbau hatte, wurde ihm unterstellt, dass er mit dem Vorschlag, den Brunnenschacht auszumauern, vor allem seinen persönlichen Nutzen suchen wollte.
[122] Aktenkonvolut Heldburg, Schriftverkehr zwischen Hans Rudolf und dem Amtmann zu Heldburg, Bl. 83.
[123] Aktenkonvolut Heldburg, Bau- und Beßerung deß Schloßes Heltpurgk, Bl. 184.

66

zum wenigsten Inn Sechs tagenn ganghafftigk gemacht wurdett.“[124] Es kann also davon ausgegangen werden, dass im Verlaufe von etwa acht Wochen die Schüttung beachtlich gewesen sein musste (Diagramm 1).

Es ist zu beobachten, dass sich in den ersten vier Jahren die Kosten für Hauer, Schmiede und sonstige Kosten annähernd ähnlich zueinander verhielten. Dagegen stiegen die Kosten für die Hauer in den letzten drei Jahren stärker an. Die Schmiedekosten wurden geringer. Vermutlich trafen die Bergleute dann auf weicheres Gestein. Die Gesamtausgaben erhöhten sich. Es ist nicht mehr nachgewiesen, wie lange die Arbeiten in den jeweiligen Jahren nach 1558 gedauert haben. Anhand der jährlichen Ausgaben kann aber angenommen werden, dass schon im Zeitraum 1558 bis 1559 eine Verdoppelung des Einsatzes erfolgte, der in den folgenden Jahren auf das nahezu Drei- oder Vierfache ansteigen sollte (Diagramm 2).[125]

Wie bereits erwähnt, wurden die Kosten für den Brunnenbau vor allem vom Amtsgeld verauslagt.[126] Die oben genannten Kosten sollten sich allerdings noch um 286 Gulden, sechs Groschen, neun Pfennige und einen Heller erhöhen. Der Brunnen musste noch überwölbt werden, und es war ein Brunnenhaus zu errichten. Es sollte ein gemauerter, schiefergedeckter Turm werden. Als Höhe des Brunnenhauses wurden 24 Ellen über dem Erdboden vorgegeben. Abzurechnen waren noch die Kosten, die entstanden waren, um das Rüstzeug der Bergleute aus dem Brunnen zu entfernen, den eingefallenen Schutt auszuräumen, das Wasser bis zum Grund auszuziehen und den Brunnen zu reinigen. Hinzu kamen Ausgaben für Fuhrleute, die

---

[124] Ebenda, Bl. 190.

[125] Die im Diagramm 2 angezeigten Ausgaben für Hauer, Schmiede und Sonstige Kosten sind dem Original der Abrechnung von 1564 entnommen. Diese weist aber nicht alle weiteren Ausgaben aus. Daher ergibt sich die geringe Differenz zu den Ausgaben entsprechend dem Diagramm 1.

[126] „Was der Brunnen zu singkhenn Cost vnd gestehett, Ist vom Ambtsgelde verleget vnd In Sieben Ambts Rechnungen nach den mhan so viell Jahr daran gesungkhen ohn mhan nieder khommen, vnd Wasser angetroffenn berechnnet.“ (Aktenkonvolut Heldburg, Bau- und Beßerung deß Schloßes Heltpurgk, Bl. 205.

Baumaterial beigefahren und Schutt abtransportiert hatten. Ein neues Brunnenseil kostete 12 Gulden. Futtergaben für die Geschirrhalter wurden zwar in Gulden aufgelistet, aber sie erscheinen nicht in dieser Abrechnung, ebenso wenig wie Kosten für Bauholz, Steine oder Kalk, die aus dem eigenen Amt aufgebracht wurden. Beispielsweise wurde das Holz für das Brunnenhaus im Januar 1564 im 20 Kilometer entfernten Häselriether Wald (bei Hildburghausen) eingeschlagen.[127]

Die Gesamtkosten des Brunnenbaus – für das Teufen, die Errichtung des Brunnenhauses und weitere Nebenkosten – betrugen demnach 2.136 Gulden, sechs Groschen, 31 Pfennige und zwei Heller. Der Chronist Krauss beruft sich auf eine Aussage des damaligen Amtsverwalters Andreas Volk: „Der Brunn auf dem Schloß, welcher in lauter Felsen gehauen ist, so tieff als der Berg selbst, hat zu bauen so viel gekostet, als das Schloß".[128] In diesem Falle scheint der Amtsverwalter Volk sich wohl einer allgemeinen Sage zu Brunnenkosten angeschlossen zu haben, denn für die Bauarbeiten auf der Veste von 1560–1564 wurden insgesamt 14.019 Gulden ausgegeben.[129] In dieser Gesamtsumme sind auch die Kosten für den Brunnenbau dieser Jahre enthalten.[130] Über die Tiefe des Brunnens ist erstmals in der bereits erwähnten Amtsbeschreibung von 1665 zu erfahren. Dort teilt der Amtsverwalter Gottfried Wilhelmi mit: „Ein Zihebrunn auf dem Schloß Heldburgk mit Einem großen Radt, darüber ein Brunnen häußlein gebaut, ist bis auff den Grundt 433. Schue tieff, alß 211. Schue von oben bis aufs wasser undt 222 Schue vom Waßer bis auff Den grundt, ist Anno 1557 Bis 64 erbaut worden [...]."[131]

---

[127] Gröschel, 1892, p. 37.
[128] Krauss, 1750, p. 10.
[129] Anmerkung: In den Baukosten sind nicht alle Kosten erfasst, da verschiedene Arbeitsleistungen und Transporte in Fronarbeit erbracht wurden oder Baustoffe (z. B. Steine, Holz) aus eigenen Ressourcen gewonnen werden konnten.
[130] Aktenkonvolut Heldburg, Bau- und Beßerung deß Schloßes Heltpurgk, Bl. 197–206.
[131] LATh – STAG, Archiv OO II Nr. 9, Bl. 272+RP.

Abb. 30 Veste Heldburg, nicht ausgemauerter Schacht

2.3.4. Der ausgemauerte Brunnenschacht

Ob im 16. Jahrhundert Weißmanns Vorschlag zur Ausmauerung des Brunnens doch noch umgesetzt wurde oder ob diese erst später geschah, ist nicht belegt. Im Jahr 1797 besuchte der sachsen-hildburghäusische Obristleutnant und Reisemarschall Johann von Gusio die Veste und ermittelte den Reparaturbedarf. Er teilte der herzoglichen Kammer mit, dass der Schaden nach Besichtigung des „[...] 318 Fuß tief in den Felsen gehauenen und darüber auf 162 Fuß ausgemauerten Brunnens [...]" weit erheblicher als angenommen sei.[132] Aus dieser Mitteilung ist zu schließen, dass er zu dieser Zeit bis zur Wassersäule ausgemauert war. Eine Erneuerung der Ausmauerung erfolgte in den Jahren 1876/77. Darauf weisen die Berichte des Hofbauführers Angelroth im Jahr 1876 hin, als der Brunnen nach jahrzehntelanger Unbrauchbarkeit wieder für die Wasserversorgung der Veste Heldburg gereinigt und instandgesetzt wurde.[133] Der leitende Bergmeister Emmerson hatte vorgeschlagen, den am oberen Kopf des Brunnens ausgebrochenen Raum durch eine aufzuführende Mauer abzuschließen, damit das Gebäude besseren Halt bekäme.

---

[132] Aktenkonvolut Heldburg, Acta Camera betreffend das Bauwesen, Bl. 152.
[133] LATh – StAM, Hofbauamt, Nr. 91.

Ein Teil des im Brunnen befindlichen Schmantes wollte er dahinter verstürzen.[134] Am 20. April 1876 wurde mit den Abräumungsarbeiten begonnen. Zu dieser Zeit war noch kein Wasser anzutreffen. Erst nach vier Tagen wurde ein Wasserstand angezeigt. Daraus ist vorstellbar, wie viel Schutt und Unrat in den Brunnenschacht gelangt war. Wie sich später herausstellen sollte, war es nicht nur eingebrochenes Mauerwerk von Brunnenhaus und Schacht. Der nicht mehr nutzbare Brunnen hatte auch längere Zeit als Abfallgrube gedient. Fortan galt es, sowohl Wasser als auch Schutt aus dem Brunnen zu heben. Sechs Wochen später war der Brunnen bis auf eine Tiefe von 71 Metern gereinigt.

Gemeldet wurde, dass noch zehn Meter zu mauern wären. Nach weiteren vier Wochen wird allerdings berichtet, es müssten noch elf Meter Mauerwerk bis zum stützenden Bogen gefertigt werden. Allem Anschein nach erfolgten die Brunnenreinigung und die Ausmauerung fast zeitgleich. Bei der Ausmauerung des Brunnenkessels war hohes handwerkliches Geschick gefragt. Axel Gleue[135] beschreibt die Arbeiten so (gekürzt): „Für die Zurichtung des vorderen Hauptes eines jeden Quaders wurde eine Schablone verwendet, die dem Innendurchmesser des Schachtes angepasst war; die seitlichen Stoßflächen mussten streng radial zum Schachtmittelpunkt hin ausgerichtet werden, die rechtwinklig anschließenden Setz- und Lagerflächen sollten möglichst eben sein. Der Fugenschluss entschied über die Standsicherheit der Ausmauerung. (Eventuelle Abweichungen wurden später mit Schieferplättchen ausgezwickt.) Die einzelnen Quader jeder Schicht wurden vor dem Abtransport auf die Baustelle zunächst auf dem Reißboden ausgelegt. Passgenau mussten alle Anschlussfugen gearbeitet sein. Die Quader, jeweils für einen kompletten Ring vorgefertigt, wurden nach dem Baukastenprinzip zusammen- und aufeinandergesetzt. Die Druckfestigkeit des Mauerwerks war umso größer, je genauer die gedrückten Flächen gearbeitet waren. Die Kunst beim Versetzen bestand darin,

---

[134] LATh – StAM, Hofbauamt Nr. 91, Brief des Bergbauingenieurs Tharmat Emmerson an Hofbaumeister Döbner vom 11.4.1876.
[135] Gleue, 2014, p. 75.

Abb. 31 Veste Heldburg mit Brunnenhaus (Jahreszahl 1564
auf der Brunnenhaube)

den Druck in der Lagerfläche gleichmäßig zu verteilen." Das genaue Versetzen der Bausteine im Schacht wie auch das Hinterfüllen und Auskeilen der Zwischenräume zum anstehenden Fels waren entscheidend für die Stabilität des Gesamtgefüges (Abb. 30).

So weit die man in den Brunnen der Veste sehen kann, sind die Fugen mit Mörtel verstrichen. Als Material für die Ausmauerung im Jahr 1876 wurde beim Heldburger Brunnen Sandstein verwendet. Die Steine unterschiedlicher Größe wogen zum Teil einige Zentner. Die Höhe der Quader innerhalb eines Ringes musste jedoch gleich sein. Versetzzeichen sind nicht zu erkennen. Zangenlöcher, die auf das Greifen mit der Steinzange für das Absenken zur jeweiligen Arbeitsebene hinweisen würden, sind ebenfalls nicht zu sehen. Es ist eher anzunehmen, dass die Steine mit Hilfe des Wolfs[136] auf das Mauerwerk gesetzt wurden. Genauere Hinweise könnte eine Befahrung ergeben.

3. Das Brunnenhaus

Das erste Brunnenhaus über dem neuen tiefen Brunnen war ein aus Sandsteinen gemauerter Turm. Auf der vermutlich ältesten Zeichnung ist er als solcher, dreigeschossig mit einer schiefergedeckten Glockenhaube, mit Stab, Kugel und Wetterfahne dargestellt. Die Wetterfahne trägt die Inschrift „1564" (Abb. 31).

Nach dieser Zeichnung wäre das Untergeschoss fensterlos gewesen. In den Obergeschossen müssten mindestens zwei Fenster mit Gewänden aus Stein gewesen sein, wie es das Gedinge für Meister Paulus vom 1. Juni 1564 belegt: „[...] iii Gulden für die zwei steinernen Türen und zwei Fenster in den Brunnen zu hauen."[137] Bauhistoriker Udo Hopf kam im Ergebnis seiner Untersuchungen und der Auswertung der Baubefunde 2015[138] zu der Auffassung, dass der Brunnen bauzeitlich mit einem Kreuzgratgewölbe überdeckt war, in dessen Mitte sich eine Schöpföffnung befand.[139] Darüber erhob sich das Brunnenhaus. Die Fußbodenebene des Brunnenhauses mit der Schöpföffnung müsste sich in Höhe der gegenwärtigen Oberkante des Brunnenschachtes befunden haben. Das entsprach zugleich dem Niveau des Burgweges, der seinerzeit etwa anderthalb bis zwei Meter tiefer lag als heute.

Bereits im Jahr 1586 war das Brunnenhaus durch ein

---

[136] Der Wolf ist eine Spreizklaue zum Anheben von Lasten, die dazu in die Oberseite des Quaders eingebracht wurde.
[137] Aktenkonvolut Heldburg, Bau- und Beßerung deß Schloßes Heltpurgk in Francken, Bl. 190.
[138] Die Dokumentation dieser Untersuchungen ist bei der Stiftung Thüringer Schlösser und Gärten hinterlegt.
[139] Hopf, Udo: Dokumentation der bauhistorischen Untersuchung zum Brunnenhaus der Veste Heldburg, unveröffentlicht, 2015.

Abb. 32 Veste Heldburg mit Brunnenhaus und Nebengebäude
hinter der Palisade, 1662

Schadfeuer größtenteils zerstört worden. Mit der Brunnenräumung war der Bergmann Barthel Meyer aus Mihla beauftragt worden. Er stellte auch das Brunnenhaus wieder
her. In einer Bittschrift an Herzog Johann Casimir vom
18. Juli 1586 um seinen versprochenen Lohn berichtete er,
dass er die Mauer neu gesetzt, das mürbe Gebäude abgebrochen und neu aufgeholzt habe.[140] Da kaum mehr als 20 Jahre seit der Inbetriebnahme des Brunnens vergangen waren,
wäre es denkbar, dass der Turm, so wie ursprünglich erbaut,
wieder hergestellt und auch mit der hölzernen Innenaus-
stattung von 1564 versehen wurde. Das lässt auch der Auftrag für den Grobschmied im Jahr 1588 vermuten, denn
dieser hatte „[...] den Fahnen Stab uffm Brunn langer zu

---

[140] Staatsarchiv Coburg, LA F, Nr. 10094.

schmieden.“[141] Es ist nicht überliefert, wie das Brunnenhaus die dreimaligen Einnahmen der Veste Heldburg durch die Soldateska im Dreißigjährigen Krieg überstand. 1662 wurde die Veste für die vom Amtmann Gottfried Wilhelmi gefertigte Beschreibung des Amtes Heldburg (1665) gezeichnet. Das Brunnenhaus ist darauf – wie auf weiteren folgenden Zeichnungen und Grundrissen – als rechteckiger Fachwerkbau mit Satteldach, traufseitig zum Fußweg stehend, dargestellt (Abb. 32).

Auf späteren Grundrissen sind sowohl in östlicher als auch in westlicher Richtung Anbauten zu sehen. Hopf schlussfolgert aus seinen Untersuchungen, dass es zwischen 1670 und 1681 zum veränderten Bau des Brunnenhauses auf dem heutigen quadratischen Grundriss gekommen sein müsse.[142] Im Zuge des Ausbaus der Befestigung als Schutz vor der Türkengefahr ab 1663 war ein umlaufender Wall angelegt worden. Das hatte zu einer Erhöhung des Niveaus am Brunnenhaus geführt.

Sowohl während der Schanzarbeiten zur Befestigung der Burg als auch während der Zeit als Garnisonsstandort der Garde zu Fuß des sachsen-hildburghäusischen Fürstenhauses bis zum Jahr 1724 waren höhere Anforderungen an die Wasserversorgung gestellt. Darauf weist unter anderem die Suche nach effektiveren Fördertechniken hin.[143] Zugleich häuften sich in jener Zeit Mängelanzeigen zum baulichen Zustand des Brunnenhauses. Nach Auflösung der Garde zu Fuß im Jahr 1724 wurde die Veste noch einige

---

[141] LATh – StAM, Ältere Rechnungen, Amtsrechnung Heldburg 1588/89.
[142] Auf der vermutlich ältesten Zeichnung von der Veste ist das Brunnenhaus als runder Turm mit einer Datierung in der Wetterfahne von 1564 anzunehmen. Es kann nicht belegt werden, ob dieser Turm tatsächlich rund war, oder ob es sich um eine Ungenauigkeit in der Darstellung der ansonsten nicht ganz korrekten Wiedergabe der Ansicht handelt. Bauhistoriker Hopf konnte bei seinen Recherchen 2016 keine Fundamente des ursprünglichen Turmes antreffen. Da aber 1561 der Hausmanns- und der Hexenturm als runde Türme aufgeführt wurden, ist auch der Brunnenhausturm als solcher denkbar. Sämtliche Grundrisse seit 1662 belegen allerdings immer einen quadratischen Turm.
[143] LATh – StAM, Staatsministerium, Abteilung Finanzen, Nr. 1461.

Jahrzehnte als Gefängnis genutzt. Der desolate Zustand des Brunnenhauses war mittlerweile derart gravierend, dass der Amtsverwalter mehrfach auf die Lebensgefahr für Besucher der Veste und für die häufig am Brunnen anzutreffenden Kinder aufmerksam machte. Es fehlten eine sichere Abdeckung des Brunnens wie auch eine intakte Bedachung des Brunnenhauses.[144] Der ungesicherte Brunnen scheint für jedermann zugänglich gewesen zu sein, denn der Amtsverwalter berichtete, dass Erwachsene wie auch Kinder Steine in den Brunnen würfen, um zu hören, wie lange es dauere, die Wasseroberfläche zu erreichen. Mehreren Schadensmeldungen[145] zufolge gab es südlich des Brunnenhauses ein eingestürztes Gewölbe, das mit dem Brunnenhaus in Verbindung stand. Darauf hatte auch Christian Metzler von der Rentkammer im März 1778 hingewiesen. Hopf deutet das eingestürzte Gewölbe als eine Kasematte (Wallgewölbe), welche vor dem Aufschütten des Walls im Hangbereich des Berges errichtet worden war, um das Anfahren der enormen Massen von Auffüllmaterial zu vermindern.

Oberlandbaumeister Christoph Erdmann Feuchter von Feuchtersleben untersuchte 1778 den Schaden. Wie sich dabei herausstellte, waren sowohl das eingebrochene Gewölbe als auch ein großes Loch über der südlichen Schildmauer des Brunnenhauses sichtbar. Zusammen mit seinen Empfehlungen, wie das Problem gelöst werden sollte, legte Feuchter am 29. Juni 1778 einen Schnitt des Brunnenhauses vor (Abb. 33).[146] Diese Zeichnung gibt erstmals einen Einblick in die bauliche Situation des Brunnenhauses. Oberhalb der Einwölbung des Brunnenschachtes ist auf dieser Zeichnung eine Fachwerkkonstruktion mit Satteldach zu sehen. Die Bo-

---

[144] LATh – StAM, Hofmarschallamt, Hofbauamt, Nr. 88.
[145] LATh – StAM, Staatsministerium, Abteilung Finanzen, Nr. 1461. Ebenda.
[146] Federzeichnung mit Beschreibung vom sachsen-hildburghäusischen Artillerieoffizier, Kammer-Rath und Oberlandbaumeister Christoph Erdmann Freiherr Feuchter von Feuchtersleben (1726–1796) vom 29. Juni 1778, Beilage in: Aktenkonvolut Heldburg, Acta Camera betreffend das Bauwesen, n.pag.

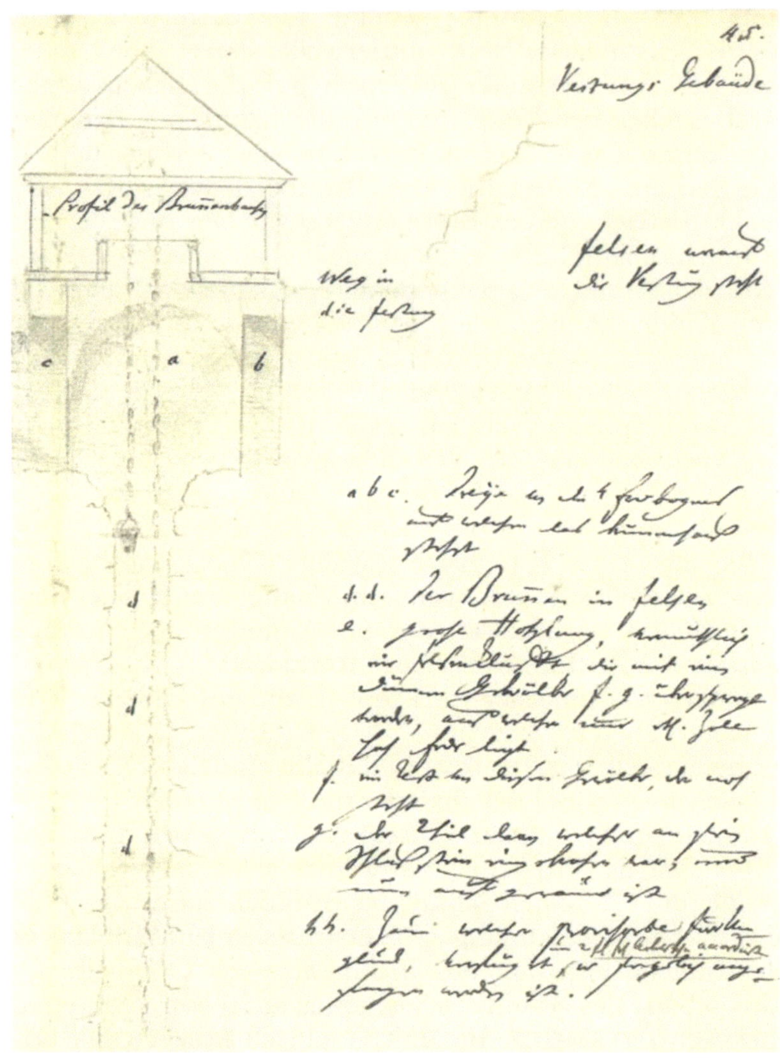

Abb. 33 Veste Heldburg, Schnitt durch das Brunnenhaus,
Zeichnung des Oberlandbaumeisters Feuchter von
Feuchtersleben, 1778

denebene befand sich seinerzeit auf der Höhe des Weges
zum südlichen Tor.

Es vergingen weitere Jahre ohne nennenswerte Repa-
raturmaßnahmen. Offenbar waren keine größeren Bau-

Abb. 34 Veste Heldburg, mit Brunnenhaus und vermeintlicher Kanonenhütte, vor 1875

maßnahmen nach der Einschätzung Feuchters von Feuchtersleben oder dem Bericht des herzoglichen Rates Christoph Albrecht Keßlan vom 13. August 1784 erfolgt, sodass die eingesetzte kaiserliche Debitskommission nach eingehender Prüfung 1795 vor der Frage stand, ob man den Brunnen ganz eingehen lassen oder wieder herstellen sollte.[147]

Das seit 1826 zuständige Herzogshaus Sachsen-Meiningen reagierte verantwortungsbewusst auf den dringenden Handlungsbedarf. 1830 wurde das Gebäude, das sich dem Brunnenhaus in westlicher Richtung anschloss, abgebrochen. Es war bereits zum Teil eingefallen und hatte die untere Befestigungsmauer ebenfalls zum Einsturz gebracht. Bei dem Gebäude handelte es sich möglicherweise um die ehemalige Unterbringung der Rossmühle, die später als Kanonenhütte diente. 1834 ordnete der Meininger Herzog Bernhard Erich Freund (1800–1882) an, den Brunnen zu sichern und ein Dach aufzubringen. In der

---

[147] LATh – StAM, Staatsministerium Abteilung Finanzen, Nr. 3185.

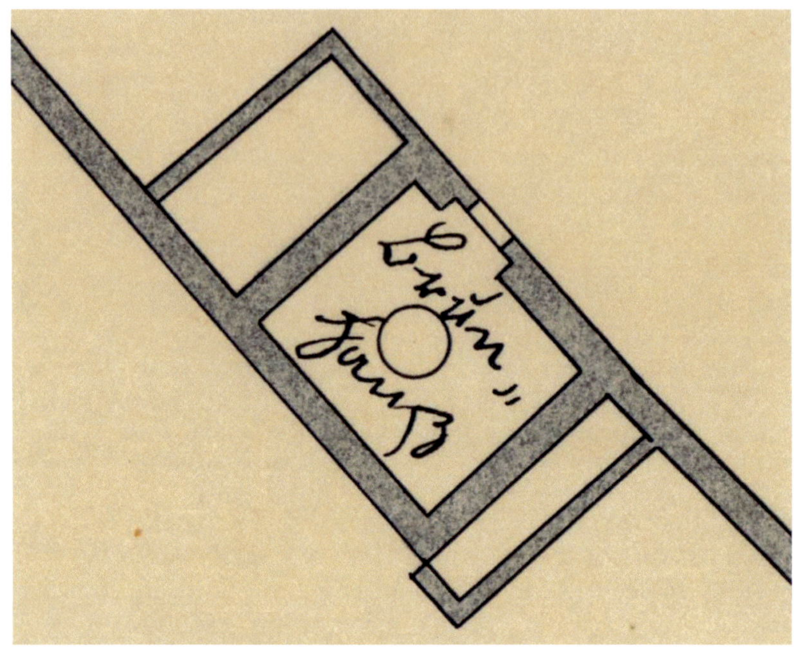

Abb. 35 Veste Heldburg, beidseitige Anbauten am
Brunnenhaus (Detail aus Abb. 14)

Vorberechnung der Kosten wurde dabei von einer Dachlänge
von 22 Schuh ausgegangen,[148] woraus zu erkennen ist, dass
es sich nicht nur um die Überdachung des quadratischen
Brunnenhauses handelte. Anstelle des abgebrochenen Gebäudes wurde wieder ein Ersatz aufgerichtet. Das ist auf
dem Grundriss von Gustav Brodführer aus dem Jahr
1838 zu sehen. Deutlich zu erkennen ist es auf der ältesten
Fotografie der Veste, die aus der Zeit vor 1875 stammt.
Sie zeigt ein Dach, das sich neben jenem vom Brunnenhaus in gleicher Höhe fortsetzt. Diese beiden Sattel-
dächer stehen traufseitig zum Burgweg (Abb. 34). Hopf
ist der Auffassung, dass es nach 1834 nicht nur zu einer
Dachreparatur, sondern auch zum Wiederaufbau des
Brunnenhauses gekommen sein musste, wie am Mauerwerk
im oberen Bereich deutlich wird. In diesem Zusammen-

---

[148] LATh – StAM, Hofbauamt, Nr. 88.

78

Abb. 36 Veste Heldburg, Brunnehaus von Süden mit
Zwingermauer

hang müsste auch das Gewölbe über dem Brunnen abgebrochen worden und eine quadratische Aufmauerung erfolgt sein, sofern das Gewölbe zu dieser Zeit überhaupt noch vorhanden war.

Nichts bekannt ist über die Funktion des kleinen Nebengebäudes auf der Ostseite, das ehemals mit dem zum Teil eingestürzten Gewölbe auf dem Wall verbunden war.[149] Auf einem Plan zu vorgesehenen Verwahrungsbauten aus der Zeit um 1663 ist diese Örtlichkeit sogar größer als das Brunnenhaus eingezeichnet und als „Das Bronn Rad Haus" betitelt.[150] Die ursprünglich vorgesehenen Verwahrungsbauten wurden nicht wie geplant ausgeführt. Das erklärt, weshalb auf dem Grundriss vom Jahr 1681 das besagte Nebengebäude wieder verhältnismäßig klein dargestellt ist (Abb. 35).

Im Zuge des Ausbaus der Veste Heldburg als herrschaftliche Nebenresidenz ab 1875 unter Herzog Georg II. von Sachsen-Meiningen (1826–1914) erfolgte die Räumung des verschütteten Brunnens. Die Brunnenröhre wurde innerhalb des bisher quadratisch gemauerten oberen Bereichs aus Buntsandstein-Hausteinquadern bis auf die gegenwärtige Höhe verlängert und ein Kranz aufgesetzt. Der verbliebene Hohlraum wurde mit Schutt aus dem Brunnenschacht verfüllt. Vermutlich wurde auch in dieser Zeit die heute noch vorhandene Holzbalkendecke mit Schöpföffnung eingezogen. Dem schloss sich die übrige Instandsetzung des Brunnenhauses an. Das Kostenangebot listete folgende Vorhaben auf: Abbruch des alten Dachstuhls und Errichten eines neuen schiefergedeckten, giebelseitig zum Burgweg angeordneten Dachs, neue Giebel aus Werksteinen, Erhöhung der Seitenmauern und zweiseitig verschrägte Abdeckplatten.[151]

---

[149] LATh – StAM, Staatsministerium Abteilung Finanzen, Nr. 3185.

[150] Aktenkonvolut Heldburg, Maßnahmen zum Schutz vor der anrückenden Türkengefahr, Verwahrungsbauten in der Stadt und auf der Veste Heldburg 1663.

[151] LATh – StAM, Hofbauamt, Nr. 91.

Im erneuerten Obergeschoss wurden Tür- und Fensteröffnungen verändert. Mit Hilfe der neu eingebauten Winde als Fördertechnik konnten die Eimer vier Meter höher gezogen werden, sodass die Wasserabnahme vom neu geschaffenen Zugang aus erfolgen konnte.[152] Die Tür zum Brunnenhaus befand sich nun auf dem Niveau des mittlerweile angehobenen Burgwegs. Hopf geht davon aus, dass zu dieser Zeit auch der Wallkörper, welcher dem Brunnenhaus südlich vorgelagert war, um etwa 1,20 Meter abgetragen wurde (Abb. 36).

Mit der elektrifizierten Wasserförderung nach 1927 wurde an die Ostwand ein Bassin als Wasserspeicher angebaut, dem 1934 eine Zisterne angeschlossen wurde. Die gesamte Anlage wurde im Jahr 2003 wieder entfernt, nachdem stabile Lösungen der Trinkwasserversorgung und entsprechende Wasserspeicher für den Löschwasserbedarf geschaffen worden waren. Eine neuerliche Außensanierung des Gebäudes war bereits wenige Jahre vor dem Abbruch von Bassin und Zisterne erfolgt (Abb. 37).

Abb. 37 Veste Heldburg, Brunnenhaus, Ostseite nach Abbruch des Bassins

---

[152] Vermutlich wurden später bei der Angabe der Brunnentiefe diese vier Meter dazu gezählt, woraus die Angabe von 114 Metern Tiefe resultierte.

Abb. 38 Röhrfahrten im Museum Burg Stolpen

4. Frühneuzeitliche Wasserleitung auf der Burg

Die Höhe des Brunnenhauses von „24 Ellen hoch vber die Erde"[153] – umgerechnet etwa zwölf bis 14 Meter[154] – wie sie im Schreiben des Baumeisters Gromann vom 6. Juni 1564 angegeben wird, und weitere Hinweise aus Baurechnungen lassen den Schluss zu, dass zu dieser Zeit eine Wasserkunst für die Zuleitung ins Schloss geschaffen worden war. Als Wasserkunst wird ein System zur Förderung, Hebung und Führung von Wasser bezeichnet. Ein solches Wasserwerk könnte folgendermaßen funktioniert haben: Das aus dem Brunnen gehobene Wasser wurde in einen Hochbehälter befördert, der sich im oberen Bereich des etwa 14 Meter hohen Brunnenturmes, dem „Saal",[155] befand. Von diesem

---

[153] DBVH, Bau-und Beßerung deß Schloßes Heltpurk, Bl. 184.
[154] Die Bemessungsgröße der Elle konnte für diese Zeit nicht exakt ermittelt werden.
[155] LATh – StAM, Ältere Rechnungen, Amtsrechnung Heldburg 1669.

82

Abb. 39 Bohren von Röhrfahrten

Hochbehälter wurde das Wasser in einer Blechröhre nach unten in sogenannte Röhrfahrten geleitet (Abb. 38).

Röhrfahrten (auch Deichel genannt) waren Wasserleitungen aus Holz. Für die Herstellung der Holzröhren wurden die Holzstämme im Saft geschlagen und bis zur Bearbeitung mit ihrem geraden Schaft in Teichen oder Weihern gelagert. Vorzugsweise wurden Kiefern oder Tannen verwendet, die mit ihrer harzhaltigen dicken Rinde eine gute Isolierung gegen Erdfeuchte boten. Auch bis zum Verlegen, etwa einen Meter tief im Erdreich, mussten die fertigen Röhren im Wasser gelagert werden, um sie vor Austrocknung und

Abb. 40 Rohrbüchse als Verbindungsstück der Röhrfahrt im Museum Schloss Allstedt

dabei auftretenden Trockenrissen zu schützen (Abb. 39). Für die meistens drei bis vier Meter langen Röhren musste der Holzstamm von beiden Seiten aufgebohrt werden, da der Bohrer nicht für die gesamte Länge ausreichend war. Die Kunst dabei war, dass die Bohrungen passgenau aufeinander treffen mussten und ein gerader Durchlass erreicht wurde. Gebohrt wurde mit geschmiedeten eisernen Bohrern, die zentrisch geführt wurden. Der Bohrer wurde im Kern des Stammes angesetzt. Nach wenigen Umdrehungen wurden der Bohrer herausgezogen und die Späne (Dudel) geprüft, ob die Bohrung noch genau in der Mitte verlief und ob der Wuchs des Stammes ohne Tadel war. Die angestrebte Weite betrug zwischen fünf bis sechs, konnte aber auch zehn Zentimeter betragen. Miteinander verbunden wurden die Röhrfahrten durch schmiedeeiserne Röhrbüchsen, welche die Form eines Rohrstücks hatten, das in der Mitte angestaucht war und beidseitig zirka drei Zentimeter in die Enden der gebohrten Holzröhren eingetrieben wurde (Abb. 40). Auf der

84

Basis des Systems kommunizierender Röhren konnten durch Ausnutzung des natürlichen Gefälles und des atmosphärischen Luftdrucks Steigungen und Hindernisse überwunden und so das Wasser in Küche und Keller der Veste geführt werden. In diesen Verbund war auch die Zisterne einbezogen.[156] Ein weiterer Hinweis darauf ist der Auftrag aus dem Jahr 1564: „[…] die Wassertroge In die Mauernn ein Zu hauenn, das pflaster zu denn Rorrenn Zu legenn, auf Zu brechenn, vnnd die grebenn Inn denn felsenn Zu hauen vnnd Zu machenn vnnd wiederumb vber die Rorrenn Zu pflasternn […].“[157] Erinnert wird daran noch einmal bei der Auflistung noch zu erledigender Arbeiten am 1. Juni desselben Jahres: „[...] auch die Rorre zu bohren vnd zu legen im Keller vnd Küchen vnd zwei Trögen.“[158] Der Schosser der Veste hatte sich im gleichen Jahr wegen der Angabe des Bedarfs an Bauholz an Baumeister Gromann gewandt und vorgeschlagen, das „Stockwergk auf dem Brunnen woll das soll verblendt werden. Dann muß man Eiche haben zum Wasserkasten auf dem Brunnen.“[159]

Der Wasserleitungsbau wurde vermutlich nicht so zügig vorangebracht. Sechs Jahre später wird in der Amtsrechnung von 1570/1571 aufgelistet, dass der Zimmermann Wendelin Forndran mit seinen Helfern 47 Brunnenrohre gebohrt und dafür 20 Gulden erhalten hat. Nochmals vier Gulden erhielt er, weil er „[…] die Rorren am Brunen, ist Im Hoff gehet ausgezogen undt gefegt, und etzliche neue Rören eingelegt.“[160] Der Zimmermann oder Röhrmeister war gleichzeitig für die Wartung und Pflege der Röhrfahrten zuständig. Geht man bei einer Länge der 47 neuen Röhren von durchschnittlich 3,5 Metern aus, so hätten in der Burg mehr als 150 Meter Wasserleitung existiert, die in ihrem

---

[156] Ebenda, Auftrag vom 13. Juli 1564: […] Ist Inzo In furhabendenn wergk die Rorren vom Brunnen Inns schlos Inn Kuchen Keller vnd Zißdernn zulegen.“

[157] Aktenkonvolut Heldburg, Bau- und Beßerung deß Schloßes Heltpurgk, Bl. 190.

[158] Ebenda, Bl. 186.

[159] Ebenda, Bl. 185.

[160] LATh – StAM, Ältere Rechnungen, Amtsrechnung Heldburg 1570/1571.

Verlauf gerade oder verzweigt zu den Wassertrögen führten. Es wird deutlich, dass beim Einsatz und der Nutzung zwischen Röhrfahrten aus Holz und den Rinnen oder Kanälen aus Stein ein Unterschied bestand. Bei den hölzernen Röhrfahrten oder Röhren handelte es sich im Wesentlichen um Wasserleitungen für Trinkwasser. Bei den steinernen Rinnen und Gräben dürfte es sich um Zu- und Ableitungen von Oberflächen- beziehungsweise Brauchwasser gehandelt haben, so zum Beispiel die Oberflächenwassereinleitung zur Zisterne oder zur Pferdeschwemme.

Zwischen Zisterne und Küchenbau existierte schon 1558 eine hölzerne Rohrleitung, wie ein damaliges Gedinge für den Zimmermann belegt. Sie könnte sogar schon aus der Zeit der Vorgängerzisterne gestammt haben.[161] Die Wasserleitung von der Zisterne zur Küche hat offenbar auch noch länger existiert als jene aus dem Tiefbrunnen zu den Entnahmestellen in der Burg.

Nach dem Wiederaufbau des Brunnenhauses, welches 1585 durch einen Brand zerstört worden war, scheint das Wasserwerk noch in Gang gewesen zu sein. Allerdings war 1588 die Instandsetzung der Rohrleitung notwendig geworden: „[…] so woll den Wassergank vom Bruhnen bis in die Kuchen auffzubrechen und von neuem zu schachten und zu blatten auch die Blatten darzu zu brechen.“[162] 1595 wird in der Auflistung des Burginventars „1 großer Wassertrog mit Zinn und Blei beschlagen“[163] genannt. Drei Jahre später war der Grobschmied zu vergüten, denn er hatte eine „[…] Bronnrinne zu beschlagen.“[164] In den folgenden Jahren gibt es in den alten Inventaren und Amtsrechnungen keine Hinweise mehr, die auf die Leitungsversorgung aus dem Brunnenhaus hinweisen.

In der Regel waren die Brunnenrohre aus Kiefernholz. 1666 hatte Herzog Ernst der Fromme angeordnet, Eichen-

---

[161] LATh – StAM, Ältere Rechnungen, Amtsrechnung Heldburg 1557/58.
[162] LATh- - StAM, Ältere Rechnungen, Amtsrechnung Heldburg 1588.
[163] LATh – StAM, Ältere Rechnungen, Amtsrechnung Heldburg 1595.
[164] Ebenda.

rohre zum Zwecke längerer Haltbarkeit zu verlegen.[165] Es dürfte sich um diese Zeit allerdings nur noch um die Leitung zwischen Küche und Zisterne gehandelt haben. Im Inventar von 1669 werden für das Brunnenhaus noch „ein großer Wassertrog mit 10 eisernen Clammern und eine alte blecherne Röhre zum Absank" aufgezählt, deren Standort „vor dem großen Kasten" genannt wird. Wo sich dieser Kasten befand, ist jedoch nicht bekannt. Über die Fördertechnik ist 1669 mitgeteilt: „Ein großes Tritrad nebst einem kleinen Kammrad mit zwei eisernen Zapfen, 6 Rinken, einer eisernen Pfann und vier Klammern. Eine Wellen zum Seilen, oder Ketten mit zwei Zapfen, 6 Rienken, 3 Bogeneisen über die Zapfen. Sieben starke eiserne Nägel in der Wellen am Seil. Ein Bronngestell, woran vier Klammern. Ein Kettlein zum Anhängen des großen Rads. Ein eiserne Klammer am Trittrad, ein klein Fenster in der Radstube mit zwei Windeisen und zwei Kettlein mit zweien Zwergeisen in einem Fenster [...] Ein neuer Eimer mit drei eisern Reifen und 1 Hand hacken, ein großes Wasserseil uff dem alten Saal, daran eine Ketten, mit einer Hülse, 6 Schuh lang. Ein alter Bronntrog, Eine große eiserne Ketten zum Wasserziehen, ellen[166] lang zu Eisfeld."[167]

Auf Holzrohre im Burghof wird noch einmal im Untersuchungsprotokoll von Mitgliedern der kaiserlichen Debitskommission 1796 zum desolaten Zustand der Veste Heldburg verwiesen: „[...] die von der großen Küche und dem Amtsbaue zu der Zisterne führenden hölzernen Kanäle und etliche Schwellen unterm Zisternenhäuschen von gleicher Beschaffenheit."[168] Es ist dabei nicht unterschieden, ob es sich in diesem Falle um Holzrohre für Trinkwasser oder eher für die Einleitung von Dachwasser zur Zisterne handelte. Die Rohrleitung von der großen Küche verlor ohnehin spätestens 1838 ihre Bedeutung, als der desolate Küchenbau abgebrochen wurde.

---

[165] LATh – StAM, Amtsarchiv Heldburg, Nr. 626.
[166] Beim Verfassen des Inventars 1669 war die Länge der Kette wohl nicht bekannt, denn es ist keine Zahl angegeben.
[167] Siehe Anm. 111.
[168] LATh – StAM, Staatsministerium Abteilung Finanzen, Nr. 3185.

5. Gefahren und Schäden

In die lange Geschichte des Heldburger Burgbrunnens reihen sich auch außerordentliche Ereignisse ein, die teilweise zu größeren Schäden und damit zu längerem Ausfall der Wasserversorgung führten. Unvermögen beim Umgang mit der entstandenen Lage und Vernachlässigung des Objekts verschlimmerten das Übel. So aussichtslos auch oftmals die Situation war, ist der Brunnen trotzdem nicht aufgegeben worden und daher bis zur Gegenwart erhalten geblieben. Erstaunlich und erfreulich zugleich ist der Glücksumstand, dass sowohl bei der Grabung des Brunnens, bei Reparaturen oder später bei den Räumungen von Unrat und Steinschutt keine Todesopfer oder größere Personenschäden zu beklagen waren. Die Gefahren waren jederzeit sehr groß, ob man Wettereinbrüche zu fürchten hatte, ob Seile rissen, Steinzeug oder Gegenstände in die Tiefe fielen, während dort gearbeitet wurde, oder wenn es bei der Handhabung der Hebezeuge Ungeschicklichkeiten und unvorhergesehene Zwischenfälle gab.

Beim schon erwähnten Brand im Jahr 1586 ging nicht nur das Brunnenhaus zu Bruch, sondern auch eine beachtliche Menge Holz und Steinschutt waren in die Tiefe des Brunnenschachtes gestürzt. Der Bergmann Barthel Meyer aus Mihla stellte nach Wiederherstellung der Funktionsfähigkeit des Brunnens und dem Wiederaufbau des Brunnenhauses seine Rechnung und führte an: „[…] hab ich und mein Knecht die eingefallenen Steine und Brandholz, auch andere materien drinnen gefunden 200 Brechkübel hab demselben Gott Lob und Dank [...] Wann mir dann Gott der Allmächtige das Glück gnädiglich verliehen, als dass ich solchen aber leider nicht ohn Gefahr Leybs und Lebens, wieder zurecht gebracht habe [...].“[169] Im Weiteren zählte er auf, dass er und seine Helfer fünf Wochen lang bei Tag und Nacht die schweren Kasten ziehen mussten. Barthel Meyer erging es leider so wie vielen anderen Handwerkern jener Zeit: Sie hatten für ihren Einsatz sämt-

---

[169] Staatsarchiv Coburg, LA F, Nr. 10094.

liche Kosten zunächst selbst zu tragen, für Versorgung und Herberge ihrer Gesellen und Hilfskräfte sowie deren Lohn selbst aufzukommen und erhielten dann oftmals die vereinbarte wohlverdiente Bezahlung nicht. So beschwerte sich Meyer nach wiederholter Mahnung direkt bei Herzog Johann Casimir in Coburg: „[…] Nachdeme der Schoßer zu Heldburg mir vom Brunnen Schopfen für Steinhause daselbsten durch feuers Brunst hat schaden genhommen. Im beiwesen deß Baumeisters und Bildthauers sobaldten wann ich diesen Wiederums zurecht bringen werde, 70 Gulden zu geben gedinget. Wann mir dann Gott der Allmechtige das glück gnädiglich verliehen, alß das ich solchen aber leider mit Wagnuß leybs und lebens, Wieder zurecht gebracht habe. Der Wohlgedachte Herr Amtsschosser mir aber an meinem gedingten darzu albereits vordienten Biedlohn noch 20 Gulden zuerlegen schuldigt. Daran ich dann noch hoff, diese Stundt nicht bezahlt werden kan, sich aber letzlich uber mein vielbeschehenn Ermahnen vornehmen laßen. Da ich deßenn im bevehl von Hochwohlgeb. Herzog und Hr. werde ausbringen, so wölle er mich deßen bezahlen. Weyl dann ein jeder Arbeiter nach vermöge der schrift seines Lohnes würdiges, auch ich diese Wiederums den Wirthen, Becken und andern Leuthen wiederumb schuldig sein. Derwegen so gelangt an Hochwohlgeb. Herzog und Herr undertenigs und ganz hochfleißig bitten, Die Wollen die günstige Anordnung thun, darmit ich doch meines sauer vordienten Biedlohns vom gedachten Herrn Amts Schoßer einsten bezahlt werde [...].“[170]
Zwei Jahrzehnte später schien es erneut größere Probleme mit dem Brunnen gegeben zu haben, als von 1607 bis 1609 wiederholt Berg- und Brunnenmeister aus Steinach den Brunnen besichtigen und ihren Bericht über die Mängel sowie Vorschläge und Angebote zur deren Behebung an die herzogliche Verwaltung in Coburg geben mussten. Im Januar 1607 wurde notiert: „Malthesen Steyger, sonst Adamb genannt, Bergkmann von der Steinernen Heide, wohnet, als er sich des tiefen Bronns halb im Amte angegeben

---

[170] Ebenda.

und allerhand bericht getan", am 23. August: „Zweien Bergmannen von der Steinernen Heide, Nahmens Stephan und Jorg Hagner, als sie gemeldten bronn besichtigt und ihr Bedenken darüber mitgeteilt."[171] Die Probleme waren 1609 offenbar noch nicht behoben, denn erneut wurden Zehrungskosten am 30. April und am 2. Mai 1609 für den Steinheider Brunnenmeister Thaler und seine Helfer abgerechnet, die den Brunnen besichtigt und die Tiefe abgemessen hatten. Am 29. November erfolgte die nächste Inaugenscheinnahme: „[....] zu Lohne und Zehrung 2 Bergmännern auf Befehl der Schosser zu Neustadt von der Steinheide anhero geschickt, so der eine im tiefen Bronn am Seil gehangen und solchen besichtigt und der ander ihm daran Hilfe geleistet, gemessen, [...] dem 4. Vergriffenen, die Ihm am Zuge in Brunn gelassen und wieder heraus gezogen darüber getanen Bericht erstattet." Näheres war über das Ergebnis nicht zu erfahren, außer, dass am 1. Dezember der Bericht nach Coburg ging „was der erforderten Berkleute Bedenken sei."[172]

Im Dreißigjährigen Krieg wurden besonders hohe Anforderungen an die Wasserförderung aus dem Burgbrunnen gestellt. Bauern aus der Stadt Heldburg und einigen umliegenden Orten flüchteten in den Kriegsjahren wiederholt mit ihrem Vieh, Futter und geringen Habseligkeiten auf die Veste, um hinter deren Mauern Schutz zu finden. Es wurde mehr Wasser gebraucht als zur Friedenszeit. Von den dreimaligen Einnahmen der Burg in diesem Krieg wüteten die feindlichen Truppen im Jahr 1632 am schlimmsten. Danach war der Brunnen unbrauchbar, wie aus dem Bericht des Amtsschossers Johann Martin an Herzog Albrecht zu Sachsen-Eisenach (1599 – 1644) vom Jahr 1641 zu entnehmen ist: „[...] kann der große Brunnen, worin vor 9 Jahren und bis dahero viel Sachen von Holz und andern von den Soldaten geworfen unter 100 fl nicht angerichtet werden, denn unter 50 Reichstalern kein Seiler allein von einem

---

[171] LATh – StAM, Ältere Rechnungen, Amtsrechnung Heldburg 1595/1610.
[172] Ebenda.

Seil zu bekommen [...]".[173] Noch einmal gut ausgegangen war es am 31. Januar 1722, wie es im Rapportbericht des Gardeoffiziers auf der Veste mitgeteilt wird: „Heutte Mittag nach zwölff Uhren hatt der Brunnenknecht alhier etwas ann den Brunnenseil machen wollen, weiln es aber anjetzo sehr glatt ist, und ihm daß Unglück getroffen, daß ihm beedte Füße außgehen, so stürtz er in den Brunnen hinein, es schickt aber das Glück, daß er daß Seil ergreiffet und bleibt daran hanget und ruffet sehr, darauff kombt sein Sohn darzue und machet Allarm, so kombt gleich die Wacht darzue, so hatt er sich an dem Seil wohl zwey Stockwerck hoch hinundter gelaßen, bieß er auff den Eymer kombt, da hatt er sich wiedter fest faßen können und ist alßdann Gott Danck ohne Schaden wiedter herauff gezogen wordten, er wehr sehr erschrocken und klagt die beydten Arm, ich habe ihm gleich vor die Alteration etwaß geben laßen, hoffe es wirdt keine Noth haben."[174] Am 10. März 1778 meldete Christian Metzler von der Rentkammer dringenden Reparaturbedarf an: „So ist an dem großen Brunnenhaus außen am Wall ein Loch hinein gefallen, welches linkerhandwärts bereits schon über 10 Schuh unterminiert, so, wie der Augenschein gibt, immer mehr und mehr nachfallen wird und am Ende noch ein Unglück zu befürchten steht, maßen Sommerszeit immer Kinder und Leute daran vorbei passieren, dahero nicht undienlich dürften, wenn die Veste, sowohl der Brunnen höheren Orts beaugenscheinigt werden wollte."[175] Am 13. August 1784 besuchte der herzogliche Rat Keßlan in Begleitung fachkundiger Handwerksmeister die Veste. In seinem Bericht ist zu lesen: „Hierauf wurde der Brunnen besichtigt und ließe sich der Maurermeister Trier in solchen hinein und besah genau, gab an, dass er nicht anders, als durch ein Gerüst von innen zu machen, es stünden auf dem Felsen Blendwände unten welche die eichenen

---

[173] LATh – StAM, Geheimes Archiv Hildburghausen XXIII B 8.
[174] LATh – StAM, GA Hbn, XXII. (Ich danke Dr. Oliver Heyn für die Recherche.)
[175] Aktenkonvolut Heldburg, Acta Camera betreffend das Bauwesen, Bl. 46/47.

Schwellen verfault, und sei das eingefallene Loch zirka 10 Fuß im Quadrat. Diesen Brunnen wieder herzustellen verlangt der Maurermeister 200 Gulden fränk. Dazu das Gerüst, wenn aber diese Arbeit mit Quaderstücken solle gemacht werden, 600 Gulden."[176] Eine eingesetzte kaiserliche Debitskommission widmete sich bei der Prüfung des Zustands der Veste Heldburg im Jahr 1795 auch dem Brunnenhaus. Im Bericht schätzte Oberlandbaumeister Feuchter von Feuchtersleben ein: „Das Brunnenhaus herzustellen wird unsere Bauleute ein wenig examinieren. Indessen ist die Sache zu machen, und man wird sich nicht dispensieren können, sie bald vorzunehmen, weil selbst ihr Eingang zum Schloss dadurch sehr gefährlich wird."[177]

Vier Jahre später mahnte Obristleutnant von Gusio erneut die Reparatur von Brunnen und Brunnenhaus an und brachte eine Kostenschätzung ein. Außerdem forderte er: „[…] dass nach der völligen Wiederherstellung des Brunnens, solcher in Zukunft verschlossen gehalten werden muss, und zwar, weil fast ein jeder der auf die Veste geht und den Brunnen besieht gewiss ein oder aus nicht mehrere Steine hinunterwirft, jedoch die in Felsen gehauene und nicht sehr überflüssig breite Öffnung derselben immer höher auffüllen wird, wie dann bei der vorjährigen Ausmessung dessen Tiefe und Vergleichung mit der älteren Beschreibung davon sich gezeigt, dass durch den sich ereigneten Erdfall anno 1778 diese Öffnung bereits um 95 Schuh aufgefüllt worden ist, wozu die aus Neugierde von oben hinab geworfenen Steine gewiss auch etwas beigetragen haben werden, und also für die Zukunft nicht weiter zugelassen werden darf."[178] Auch forderte er, den Schlüssel für das Brunnenhaus in sicherer Hand zu verwahren. Dass seit Längerem die Wasserförderung ausgefallen war,

---

[176] Aktenkonvolut Heldburg, Acta Camera betreffend das Bauwesen, Bl. 79/80.

[177] Aktenkonvolut Heldburg, Acta Camera betreffend das Bauwesen, Bl. 141.

[178] Aktenkonvolut Heldburg, Acta Camera betreffend das Bauwesen, Bl. 152.

ist der Niederschrift der Visitation von 1795 zu entnehmen: „Zum Beschlusse der heutigen Besichtigung verfügt sich die Versammlung in das Brunnenhaus, wo man das größte Stück der Zugkette nebst dem einen Kübel vermisste, indem nur noch ein Stück 80 Schuh lang nebst dem anderen Kübel vorhanden ist, [...] dass jenes schon vor etlichen Jahren abgerissen und in den Brunnen gefallen, daraus aber aller angewandter Mühe ungeachtet, nicht wieder zu bekommen gewesen sei.“[179] Der Amtsverwalter Metzler hatte bereits am 10. März. 1778 einen Erdfall am Brunnenhaus gemeldet.[180] Außer dass die Gefahrenstelle umzäunt wurde, war weiter nichts geschehen.

Beinahe hätte es auf der Veste Heldburg ein nicht auszudenkendes Unglück gegeben. Der Prinzregent Joseph Friedrich von Sachsen-Hildburghausen (1702–1787) hatte sich in Begleitung seiner Geheimräte Keßlan und Kümmelmann 1783 zur Veste begeben, um sich von den gemeldeten Schäden selbst ein Bild zu machen. Feuchter von Feuchtersleben erinnerte sich später: „Nämlich beim Einfahren in das Tor konnten, wegen allzu kurzer Wendung, die 4 vorderen Pferde nicht anziehen und die 2 hinteren den Wagen allein nicht halten, welcher zurück ging an den steilen Hügel. Es waren nur 3 Schritte Abstand vom Brunnenhaus, welches, wenn der Wagen im Zurücklaufen ein wenig hart sich vor selbiges gelegt hätte, leicht, da sein Grund ganz unterwachsen ist, hinab in die Tiefe stürzen, und Wagen und Pferde mit sich nehmen könnte. Die Schreie der Herren waren so gewaltig und dadurch rettete sich ihr guter Genius. Niemand argwohnte da die Größe der Gefahr, denn auf dieser Seit des gepflasterten Weges zum Tor hatte man noch nicht, wie jetzt, Verbote vom Einsturz entdecket.“[181]

Die 1795 und 1796 eingesetzte Untersuchungskommission unter Leitung des Oberlandbaumeisters Feuchter von Feuchtersleben fasste ihre ersten Untersuchungsergebnisse

---

[179] LATh – StAM, Staatsministerium, Abteilung Finanzen, Nr. 1461.
[180] Ebenda.
[181] Aktenkonvolut Heldburg, Acta Camera betreffend das Bauwesen, Bl. 141.

am 29. September 1795 wie folgt zusammen: „Von der Brüstung des Brunnens bemerkte man, dass auf der Seite gegen den Torweg ein Teil des Mauerwerks über dem Bogen eingestürzt sei; auf der Seite gegen den Wall aber, wo sich der Erdfall Nr. 1 befindet, fand man das Gemäuer über dem Bogen noch gut. Aus dem unter diesem hereinfallenden Lichte aber ließ sich schließen, dass ein Stück der unteren Mauer sich getrennt von dem Erdfall auf dem Walle versursacht haben müsse. Um nun diese wichtigen Gebrechen näher zu erforschen, erachtete es die Kommission für nötig, den Brunnen durch einen Steiger befahren zu lassen. Da aber keiner in der Nähe befindlich, der während der gegenwärtigen Untersuchung bestimmten Zeit beigerufen werden könnte, so wurde beschlossen, zu Gewinnung der Zeit und Ersparung der Kosten den Schieferdecker Neumeister von Hildburghausen auf künftigen Montag anhero zu bestellen, und mit ihm wegen der Befahrung des Brunnens eine Probe zu machen.“ Der nächste Bericht folgte am 8. Oktober 1795: „Da der Ratsverwandte und Zimmermeister dessen gestern beiläufig geäußerten, dass durch den Einsturz des Mauerwerks über dem in Fels gehauenen Brunnen und des benachbarten Erdreichs mehr als 100 Fuder Schutt in das Wasser gefallen sein müssten, bei der Entschlussfassung über die Veste aber nicht wenig auf den Umstand ankommen möchte, ob dieser Brunnen, dessen Tiefe lt. Archivnachrichten 433 Schuh namentlich 211 Schuh über und 222 Schuh unter dem Wasser gehalten, noch hinlängliches Wasser fasse, so erachteten die Herrn Kommissarien um desweilen sowohl als wegen der vorzunehmenden Reparatur eine Untersuchung seiner jetzigen Tiefe und der Höhe des Gemäuers für nötig, bei welcher sich ergab, dass er gegenwärtig noch 338 Schuh; und zwar von der hölzernen Brüstung, die vier ein Viertel Schuh hoch ist bis zu den Schwippbögen 20 Schuh. Von diesem bis zur Mündung 46 ½ Schuh, von da bis zur Oberfläche des Wasser 145 ½ Schuh und unter dem Wasser 116 Schuh halte. Bei dieser lange andauernden Beschäftigung wurde man über dem Schwippbogen auf der Ostseite einer Öffnung

gewahr, die in den unteren Teil des Nebengebäudes geht, dessen Eingang sich auf dem Walle befindet. Es ward daher die Beaugenscheinigung der inneren Beschaffenheit des Brunnens bis an die Mündung durch berührte Öffnung versucht, wobei folgende Gebrechen bemerkt wurden: a) ist auf der Südseite zwischen dem gesprengten Bogen und der darunter stehenden Felsenwand wirklich ein Stück Gemäuer eingestürzt, wie groß aber, lässt sich an diesem Standorte ebenfalls nicht bestimmen, b) sind auf der Westseite die ungefähr 12 Schuh in der Breite hält, der Mauer über dem Bogen nicht wenig Steine entgangen und mehrere drohen zu stürzen. c) ist die Nordseite, die ebenso breit ist, von gleicher Beschaffenheit. Überhaupt scheinen diese beiden Wände von den Bögen bis auf die Lager der Brüstung sehr misslich zu stehen. So groß die Schwierigkeiten der hier vorzunehmenden Reparatur zu sein scheinen, so lässt sich doch die Arbeit leicht auf einem Gerüste machen, wo bei dem Erdfalle Nr. 1 das Erdreich bis an die Wallbrust so tief als nötig, ausgehoben, die Rüstbalken durch die hierdurch erweiterten Öffnung in den oberen Brunnenraume gebracht und von außen durch Lasten befestiget von einem aber an Seile gehängt werden müssten. Die Kosten aber, welche die Anfuhren der Steine erfordern würde, ließen sich ersparen, wenn das mittlere Schlosstor, welches ebenfalls baufällig ist, und zu nichts dient, als die Einfahrt zu verengen, auch nach den alten Rissen ohnehin nicht vorhanden gewesen, abgebrochen, und die 92 Schuh lange Mauer um den mit leichten Staketen zu umzäunenden Kommandantengarten eingelegt würde, wodurch sehr nahe an den Brunnen die zu seiner Wiederherstellung nötigen Steine würden genommen werden. Zudem ist im erwähnten Nebengebäude des Brunnenhauseses gegen Norden, die mit der ruinösen des Brunnens auf dieser Seite in Verbindung steht, verschoben und verdrückt, aber sehr leicht wieder in den guten Stand zu setzen."
Zwischenzeitlich war der Schieferdecker Neumeister aus Hildburghausen mit seinem Gesellen Panzer eingetroffen. Panzer wurde an einem Seil in den Brunnen gelassen, weil

er dort die Schäden in Augenschein nehmen sollte. Darüber wurde wie folgt berichtet: „Panzer begann die Fahrt mit Hilfe des Flaschenzugs auf einem von Zimmermann Deller zugerichteten Fahrbrettes. Kaum aber, dass derselbe die Tiefe einige Schuhe unter der hölzernen Brüstung erreicht, wo er keinen Gegenstand mehr fand, sich mit dem Fuße abzustellen, so fing das vierfache Seil an, sich zu drehen und ineinander zu leiern, so dass zu besorgen stand, der Flaschenzug möchte bei dem Versuch der Fahrt seine Wirksamkeit verlieren, der Fahrer aber nicht nur durch das beständige Herumdrehen an der Besichtigung des Brunnen Schadens verhindert, sondern auch in Verlegenheit gesetzt werden, aus der Tiefe zurück zu kommen. Es ward daher Panzern, der ohnedies etwas ängstlich zu sein schien, zur Rückkehr veranlasst, und man trug nachhero Bedenken, einen nochmaligen Versuch mit dem Flaschenzuge unter Beifügung eines Neben- oder Schwungseiles machen zu lassen, indem man vermutete, das selbiges in der Tiefe ebenfalls ohne Wirkung sein würde. Um nun bei dermaliger Anwesenheit die Größe des Brunnenübels noch so viel möglich zu erforschen, wagte man sich in die mit Latten umzäunte Öffnung des Erdfalls auf dem Walle, allwo man wahrnahm und mit Hilfe einer Stange fand, dass der Einsturz bei dieser Öffnung gegen 20 Schuh breit sei und sich unter der Erde fort bis an den Lattenzaun erstrecke. Auch zeigten sich daselbst Lagen von zerrütteten Quadersteinen, welche der Maurer Gernert für das Widerlager das Gewölbe halten wollte."

Schließlich endete der Bericht am 12. Oktober 1795 mit der Mahnung: „[…] die alte ehrwürdige Veste Heldburg dem traurigen Schicksale des Ruins nicht preiszugeben, sondern ferner davor zu sichern und zu unterhalten sein möchte […]" und der Bestand „[…] mit vielen guten innern Behältnissen und großen kostbaren Gewölben versehenen Gebäude derselben nebst dem Brunnen der Nachwelt könnte erhalten werden."[182]

---

[182] LATh – StAM, Staatsministerium Abteilung Finanzen, Nr. 3185.

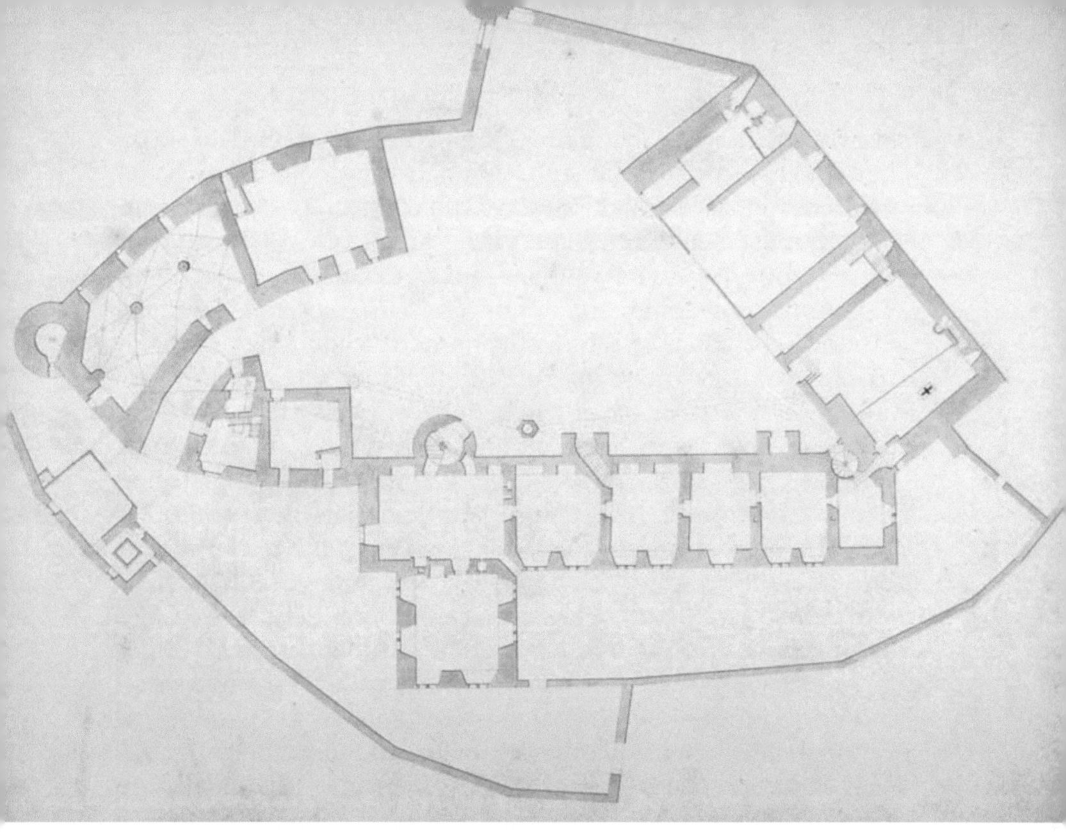

Abb. 41 Veste Heldburg, Grundriss mit Brunnenhaus und Nebengebäude, nach 1838

Die Reparaturen, die daraufhin erfolgten, wurden nicht näher mitgeteilt. Dreißig Jahre später waren die Mängel erneut gravierend. Mittlerweile war im Jahr 1826 mit der Neuordnung der ernestinischen Herzogtümer und der Aufgabe des Herzogshauses Sachsen-Hildburghausen die Veste Heldburg an das Herzogtum Sachsen-Meiningen gefallen. Am 13. August 1830 meldete Verwalter Georg Müller an die Hofbauverwaltung: „Die Kanonenhütte, die an den großen Brunnen angebaut ist, war am Einfallen, ist daher eingelegt worden, die ganze untere Mauer ist nachgestürzt, [...] die Mauer muss aber sogleich wieder hergestellt werden, weil sonsten der obere Teil derselben nachstürzen würde."[183] Drei Jahre später, am 18. April 1833, folgte eine erneute Mängelanzeige: „Die hiesige Festung geht mit großen

---

[183] LATh – StAM, Hofbauamt, Nr. 88.

Schritten ihrem gänzlichen Zerfall entgegen und es können, wenn nicht beizeiten Vorsichtsmaßregeln ergriffen
werden, sehr leicht Unglücksfälle entstehen [...]. Unter
anderem ist auch das Mauerwerk am großen Brunnen in
keiner festen Beschaffenheit mehr, und erst vor einigen
Tagen ist ein durch früheren Einsturz veranlasste neue
innere Schutzmauer eingestürzt, auch scheint das Gebälk,
worauf das Brunnenhaus ruht, morsch zu sein und könnte
daher sehr leicht einbrechen. Dieser Brunnen wird im
Sommer sehr häufig von Fremden gesehen, auch klettern
Kinder auf dem äußeren, ganz morschen bretternen
Dach auf und ab, die dabei sehr leicht in den über 300
Fuß tiefen Brunnen hinabstürzen könnten, daher ist es
durchaus nötig, dass solcher entweder ganz ausgefüllt oder
eingeebnet wird oder vielleicht mit dem Schutt von der
alten Küche hinlänglich geschehen könnte, oder es könnte
auf dem Kessel des Brunnens mit starken, durch eiserne
Klammern befestigten Baustücken zugedeckt werden.“[184]
Bauinspektor Buck erinnerte in einem Schreiben am 23.
Mai 1833 die Herzogliche Landesregierung daran, dass ein
Gewölbe neben dem Brunnen, welches 5 Fuß breit und 15
Fuß lang ist, vor einiger Zeit eingestürzt wäre. Außerdem
sei ein Teil der Bedachung, die den Brunnen bedeckte, in
diesen gefallen. Das Gewölbe wieder herzustellen sei nicht
ratsam, es sollten Balken über den Brunnen gelegt und ein
Dach darauf gesetzt werden. Dem Ansinnen, den Brunnen
zu verfüllen, wollte er nicht zustimmen, weil der anfallende
Schutt dafür niemals reichen würde.[185] Die Maße für die
Dachreparatur wurden wie folgt angegeben: „Dach 22
Schuh lang und 11 Schuh hoch im Sparren, mit Brettern zu
beschlagen“.[186]

Auch ein Jahr später erneuerte er seine Besorgnis
um die Gefahren, die der katastrophale Zustand des
Brunnens in sich trug: „[...] Kinder klettern auf das mor-
sche Dach, werfen Steine in den Brunnen und hor-

---

[184] Ebenda.
[185] Ebenda.
[186] Ebenda.

98

chen, wann der Stein ins Wasser plumpst."[187] Schließlich ordnete am 9. März 1834 der Finanzsenat des Herzogshauses Sachsen-Meiningen die sofortige Reparatur des Brunnendachs an. Landbaumeister August Döbner führte in seiner Empfehlung dazu aus: „[…] Der viele Schutt, der in allen Teilen der Veste in Massen angehäuft ist, muss entfernt, und die fehlenden und die hohlen Mauern müssen davon gereinigt werden. Es wird dadurch wenigstens der traurige Anblick des Verfalls etwas gemildert. Mit diesem Schutt den großen Brunnen auszufüllen, dazu würde ich nicht raten, der Brunnen ist ein ausfallender Beweis einer bewundernswürdigen Beharrlichkeit und Ausdauer, den man nach meiner Ansicht nach nicht vertilgen muss. Es wird sich in der Umgebung der Veste wohl ein Platz ausfindig machen lassen, der den Schutt aufnehmen kann, vielleicht wäre der Wallgraben auch dazu geeignet."[188] Am 16. Oktober 1834 wurde der Amtsverwaltung der Veste mitgeteilt, dass zur Beseitigung der Mängel am Brunnenhaus 30 Gulden und sieben Kreuzer – vor allem für das Brunnendach – genehmigt wären (Abb. 41).

6. Die Revitalisierung des Brunnens im Auftrag Herzog Georgs II. von Sachsen-Meiningen

Herzog Georg II. von Sachsen-Meiningen ließ ab dem Jahr 1875 die Burganlage sanieren, teilweise umformen und ausgestalten. Er verlieh ihr den Status eines Residenzschlosses besonderer Prägung und bezeichnete sich selbst als den Wiederhersteller der Veste Heldburg. Dabei konnte er an die Vorleistungen seines Vaters Herzog Bernhard II. anknüpfen, der mit der Rettung und Sicherung des Gebäudebestandes

---

[187] Ebenda.
[188] Ebenda.

Abb. 42 Herzog Georg II. von Sachsen-Meiningen

den Architekten August Wilhelm Döbner beauftragt hatte.
Dessen Sohn, Hofbaurat Erwin Theodor Döbner, leitete
den Um- und Ausbau der Veste ab 1875, zu denen auch
die Wiederherstellung des tiefen Brunnens gehörte. Vor
Ort wurde das Herzogliche Hofbauamt von Hofbauführer
Angelroth vertreten, als Amtsverwalter fungierte Louis
Schmidt (Abb. 42).

Abgesehen davon, dass zu den Grundvoraussetzungen
des Wohnens auf der Veste eine stabile Wasserversorgung

100

gehörte, musste zunächst für die Bauperiode ausreichend Wasser vorhanden sein. Einige Jahrzehnte zuvor war die Wasserversorgung aus dem Tiefbrunnen zusammengebrochen, die Zisterne konnte den Bedarf nicht decken, und Wasser musste in Fässern aus dem Tal auf die Veste gebracht werden. Um den seit Langem verschütteten Brunnen wieder nutzen zu können, wurde der Obersteiger Tharmat Emmerson von der Steinkohlenzeche Ernsthütte Stockheim und Neuhaus mit der Beräumung beauftragt. Begonnen wurde am 20. April 1876. Vereinbart waren 30 Tage Arbeitszeit. Als Entlohnung verlangte der Obersteiger neben der Vergütung der Reisekosten sieben Taler täglich. Die Höhe der Entlohnung sei redlich verdient, da eine ziemlich hohe Lebensversicherung bei der Leipziger Unfallbank berücksichtigt werden müsse. Emmerson würde sich um einige fähige Mitarbeiter selbst kümmern und auch Werkzeuge, Seile, Haspel und Kübel mitbringen.[189] Am 10. April reiste Emmerson zur Veste Heldburg, um sich vor Ort ein Bild von der Aufgabenstellung zu machen. Tags darauf schrieb er an Hofbaumeister Eduard Döbner: „Habe Einsicht von der Arbeit genommen, selbe sehr gefährlich! Mindest drei Mann zuverlässige Bergarbeiter. Der Tageslohn derselben nicht unter 6 Mark. Das nötige Handwerkszeug besorge ich ebenfalls. Meine Absicht geht dahin, am Kopfe des Brunnens ausgebrochenen Raum durch aufzuführende Mauer abzuschließen. Das Gebäude bekommt besseren Halt und kann ein Teil des im Brunnen befindlichen Schmantes dahinter verstürzt werden."[190]

Zunächst musste Sicherheit am eingebrochenen Brunnenkopf geschaffen werden. Zu Beginn der Arbeiten, am 20. April 1876, war kein Wasser im Brunnen vorzufinden. Am 23. April berichtete Bauführer Angelroth an den Hofbaumeister: „Im Brunnen sind die Bergleute jetzt in voller Arbeit. Ich bin selbst mit eingefahren und habe mich von der Gefährlichkeit an Ort und Stelle überzeugt. Bis morgen Mittag sind die Abräumungsarbeiten soweit

---

[189] Brief des Baron von Swaine an Hofbauverwaltung vom 1.3. 1876. Siehe LATh – StAM Hofbauamt Nr. 91.
[190] LATh – StAM, Hofbauamt Nr. 91.

gediehen. Soweit zu diesem. Es ist mit Aufmauern des Brunnenkessels, der wie bezeichnet, begonnen worden. Über der Auskragung könnte man vielleicht festgebrannte Steine zum Mauern verwenden. Angelroth."[191] Einen Tag später meldete der Bauführer an das Hofbauamt, es wäre plötzlich ein Wasserstand im Brunnen angetroffen worden, dessen Höhe noch nicht festgestellt werden konnte. Ein Monat schwerster Arbeit war abgelaufen. Zum großen Ärgernis bekamen weder der Bergmeister noch seine Helfer ihren Lohn. Angelroth schrieb am 29. Mai an das Hofbauamt: „Herr E. speziell lässt Sie darum bitten, sich für ihn verwenden zu wollen, er habe sich nur auf Zureden von Ihnen dazu entschlossen, auch die Auszahlung der Arbeiter und Bergleute zu übernehmen. Es sei ihm aber nicht möglich, sofern er nicht wenigstens alle 14 Tage selbst ausgezahlt werde."[192]

Die Firma Robey und Kompanie bot sich an, für 5000 Reichsmark eine Dampfmaschine für den Aufzug der Kübel zu liefern. Emmerson war von dieser Idee offensichtlich begeistert. Bauführer Angelroth teilte der Hofbauverwaltung mit, dass Emmerson auf den Tag rechne, an dem ihm eine Lokomobile zur Verfügung stehe. Damit würden eine dreifache Arbeitsleistung erzielt und trotzdem noch zehn Mark Ersparnis gewonnen, was der Vergütung von vier Taglöhnern entspräche. Darüber, ob nun für die Brunnenräumung eine Dampfmaschine eingesetzt war, gibt es keine schriftlichen Belege. Auch ist nicht beschrieben, wie die Bergleute oder der Abraum befördert wurden. Am 1. Juni 1876 wurde gemeldet: „Der Brunnen ist bis auf 71 Metern gereinigt, zu mauern sind noch zehn Meter. Der Wasserzufluss bringt mit sich, dass auf eine Tonne Wasser vier bis fünf Tonnen Geberg kommen."[193]

Die vereinbarte Arbeitszeit von 30 Tagen war längst überschritten, die Seile inzwischen verschlissen und neue von Seilermeister Moritz Förster aus Neustadt bei Coburg geliefert worden. Doch auch der hatte großen Ärger, bis er

[191] Ebenda.
[192] Ebenda.
[193] Ebenda.

das Geld für seine Lieferungen bekam. Darüber, dass er weniger ausgezahlt bekam als vereinbart war, beklagte er sich beim Hofbaumeister am 9. Juli 1876: „Erhielt gestern durch die Heldburger Amtseinnahme 278,40 Reichsmark für die gelieferten Seile aus bestem Kornhanf. Ich machte es als Gewissensfrage, würde ich geringer wertigere Qualität Hanf dazu verwenden, da ja doch vielleicht so oder so viele Menschenleben davon abhingen und glaubte auch dadurch höheren Orts, nämlich bei herzoglicher Baukommission Beifall zu finden. Bitte ich Herrn Hofbaumeister, 69,60 Mark nicht vorhalten zu wollen. Moritz Förster Seiler."[194]

Mit Spannung wurden jetzt die Räumungsarbeiten verfolgt und das Hofbauamt auf dem Laufenden gehalten. Hofbauführer Angelroth berichtete am 11. Juli, dass eine Hellebarde im Schutt gefunden wurde und: „Der Wasserzufluss fängt an, ein so bedeutender zu werden, dass Sonntags die Arbeit nicht mehr ausgesetzt werden darf.[...] Diese Arbeit ist bis jetzt sehr gut, von dem Obersteiger E. in lobenswerter Weise geleitet, wenn das Wasser nicht erst noch bestandene Schwierigkeiten bereitet oder künftige unglückliche Zufälle eintreten, hoffentlich im nächsten Monat zu Ende gehen können [...]." 7. August: „[...] aus dem Brunnen wurden in letzter Zeit ein alter Eimer, Teile einer Kette sowie beträchtliche Mengen starkes Bronholz herausgezogen, der Sage nach soll der Eimer in der Mitte des 18. Jahrhunderts in den Brunnen gestürzt sein".[195] Seiler Förster hatte sein Geld noch immer nicht bekommen. Im August mahnte er noch zweimal seine Außenstände an, drohte sogar mit einem Anwalt. Da er aus Geldmangel keine Seile mehr beschaffen und liefern konnte, wurden sie fortan beim Seiler Litzen in Heldburg bestellt. Leider erging es diesem ebenso, was Preiskürzungen wie auch die ausbleibenden Zahlungen betraf.

Am 23. August berichtete Bauführer Angelroth wieder an den Hofbaumeister: „Bis heute sind 27 Tonnen verschiedener Gestalt aus dem Brunnen gefördert worden. Sodann

---

[194] Ebenda.
[195] Ebenda.

hat sich ein zweiter seitlicher Stollen gefunden. Weiter wurden aus dem Brunnen 7 Gewehre, darunter eine sehr gut selbst in Bezug auf die hölzerne Schaftung, erhaltene broncene Wallbüchse, und diverse Kupferkessel zutage gebracht."[196]

Der nächste Bericht erfolgte am 1. September: „Gestern ist der Brunnen bis auf den Grund ausgeräumt worden. Heute hat er das erste trinkbare Wasser geliefert. Ich war heute unten und habe mir die Sache angesehen. Unten angekommen hatte ich das Malheur, aus der Tonne heraus ins Wasser zu fallen. Zum Glück war es noch nicht sehr tief. Von Rechnungen ist seit zirka 6 Wochen hier nichts mehr eingegangen, wenigstens sagte mir Emmerson, dass es ihm leider so gehe. Die Funde aus dem Brunnen (45 Kübel) die Waffen, Krüge und Teller aus Zink etc. habe [ich] im Archiv aufstellen lassen."[197] 28. September: „Emmerson wird zum ersten Oktober höchstwahrscheinlich fertig."[198] Angelroth musste die schlechte Zahlungsmoral seines Brotherrn am eigenen Geldbeutel spüren. Sein Gehalt blieb lange Zeit aus. Darüber hinaus litt er unter den Bedrückungen und Peinlichkeiten, dass Arbeiter und Lieferanten unzumutbar lange auf ihre Vergütungen warten und dabei noch oftmals Kürzungen hinnehmen mussten. Er wollte seinen Dienst aufgeben und nach Berlin gehen. An das Hofmarschallamt schrieb er im Oktober 1876: „[...] leider ist die Hoffnung, am 1. Oktober mein Gehalt ausgezahlt zu bekommen, nicht in Erfüllung gegangen. Für den Fall, dass sich die Angelegenheit noch immer in die Länge zieht, seien Sie so freundlich und weisen Sie mir bitte etwa 700 Mark abschlägig an. Ich wüsste selbst für den Fall, dass ich nicht zu reisen gedächte, mir nicht

---

[196] Ebenda.
[197] Dr. L. Grobe schreibt in: Leipziger Illustrierte Zeitung, Ausgabe März 1880, dass neben Waffen und Geräten auch Gebeine gefunden wurden. Davon ist in den Berichten des Bauführers wie auch in anderen Archivalien nicht die Rede. Wären Gebeine gefunden worden – von Tier oder Mensch – hätte es bedeutet, dass der Brunnen vergiftet worden wäre.
[198] LATh – StAM, Hofbauamt, Nr. 91.

mehr zu helfen. [...] Emmerson ist am 1. Oktober abgereist. Eine Untersuchung des Brunnens hat 13 m Wasserstand ergeben. Die seitlichen Stollen sind also voll."[199] An Emmerson wurden aus der Hofkasse 6335,30 Mark gezahlt. Am 15. November verließ Bauführer Angelroth die Veste Heldburg. Er verabschiedete sich beim Hofbaumeister: „Indem ich Ihnen für das heute Morgen empfangene Zeugnis bestens danke, übersende ich Ihnen die versprochene Skizze zum Abschluss des Hofes am Brunnenhaus. Angelroth."

Zuständig war nun der Kastellan Louis Schmidt. Für die technische Ausrüstung zur Wasserförderung war ebenfalls die Ernsthütte beauftragt worden. Dabei wurde zunächst noch einmal das alte System in Erwägung gezogen, bei welchem an einer Kette, die über eine Rolle läuft, zwei Eimer hängen und der Aufzug des vollen Eimers vom hinabfahrenden leeren Eimer, zuzüglich des Gewichtes der Kette, erfolgt. Die aus verzinktem Eisenblech hergestellten Eimer sollten 45 Zentimeter weit sein und eine Höhe von einem Meter haben. Die Glieder der Kette sollten in 11,5 Millimeter Rundstärke geformt werden. Das Gewicht der Kette hätte dabei 320 Kilogramm pro 100 Meter betragen. Bei der Wasserförderung wäre recht unterschiedliche Last entstanden. War nun der Eimer ganz unten, waren die Last der Kette und des Wassers einschließlich des Eimergewichts zu heben, was annähernd 520 Kilogramm bedeutete. Waren die Eimer in gleicher Höhe, so hoben sich das Gewicht von Kette und Eimer gegenseitig auf. Es war dann nur der Inhalt des vollen Eimers von zirka 100 Kilogramm zu heben. Bei einem Kettengewicht von 3,2 Kilogramm pro Meter war nach Heben weiterer zirka 30 Meter (96 Kilogramm Kettengewicht) etwa Gewichtsausgleich. Jeder weitere noch zu hebende Meter kehrte also die Kraft um, das heißt, der leere Eimer mit Kette wurde schwerer als der zu hebende, mit Wasser gefüllte Eimer. Daher wurde es

---

[199] Ebenda. Aus dieser Mitteilung ist zu schließen, dass sich die Stollen auf 13 Meter Höhe der Wassersäule befinden und demzufolge 1563 von den Stollen aus noch 13 Meter tiefer geteuft werden musste, bis Wasser erreicht wurde.

notwendig, letzteren zu bremsen, um Unfälle zu verhüten. An der Kurbel zur Eimerförderung sollten zwei Mann drehen. Das Bremsen musste auf der Kurbelseite geschehen, obwohl sich die Bremsscheibe auf der entgegengesetzten Seite befand. Die Eimerförderung konnte pro Aufzug 100 Liter betragen und hätte 15 Minuten gedauert. Offenbar ist dieses Angebot nicht umgesetzt worden, denn es wurde ein Wasserwerk installiert, bei welchem mittels Winde und Seil der Eimer aus der Tiefe gehoben werden sollte. Am 23. März 1877 bestätigten die Geschäftsführer der Ernsthütte, Langenstein und Scheemann, den Auftrag: „Nach gestriger Absprache werden wir die bei uns gnädigst bestellte Winde zur Eimerförderung für die Veste Heldburg in der gewünschten Zeit von sechs Wochen liefern, wobei wir auch sowohl für die Montierung auf dem Burgplatz, als die Beihilfe für die Montierung auf Ihre Rechnung mit übernehmen. Bezüglich des Preises nehmen wir Bezug auf unseren Anschlag vom 11. November 1876 und bemerken, dass die einzelnen Positionen nicht überschritten werden, glauben vielleicht, dass der Preis sich noch etwas reduzieren lassen wird. Zum Betriebe werden vorläufig die vorhandenen Seile benutzt, doch ist die Einrichtung der Art, dass zu jeder Zeit eine Kette angebracht werden kann. Von den beiden Eimern wird der eine für 60 Liter, der andere für 100 Liter Inhalt gefertigt. Der Betrieb kann durch zwei Mann erfolgen [...] Langenstein und Scheemann.“[200] Als Termin der Fertigstellung der Anlage war der 14. Mai anberaumt worden. Doch plötzlich verlangte die Herzogliche Hofbauverwaltung die Übergabe bis 5. Mai. Darauf antwortete die Ernsthütte am 17. April: „Zu unserem Bedauern müssen wir Ihnen heute mitteilen, dass wir die Fertigstellung der Wasserförderung für die Veste Heldburg bis 5. Mai nicht bewältigen können. Wir haben hierfür die Trommel seinerzeit sofort in Auftrag gegeben und arbeiten hierzu was wir können, dieselbe macht uns jedoch in der

Abb. 43 Veste Heldburg, Brunnenhaus mit Überformung von 1876

---

[200] Ebenda.

Herstellung so viele unerwartete Schwierigkeiten, dass wir vor Pfingsten die Ablieferung leider nicht bewerkstelligen können. Gleich nach dem Pfingsten werden wir jedoch die Montierung vornehmen und ihnen dann weitere Nachricht geben [...]", fünf Tage später: „[...] werden wir alles aufbieten, um den Brunnen für die Heldburg noch rechtzeitig fertig zu stellen." Am 23. April: „[...] Die Trommel, welche wir in Lehm formen, macht uns viel zu schaffen. Wenn wir doch noch eine gute Zeit hätten, bis wir diese gießen können, weil wir immer erst zuwarten müssen, bis die einzelnen aufgetragenen Lehmschichten getrocknet sind etc. Wir hoffen nicht, dass uns mit der Trommel im Gusse etwas passiert, sollte dies aber wider Erwarten doch der Fall sein, so treffen wir anderweite Vorkehrungen, damit der Brunnen auf jeden Fall bis Pfingsten in Betrieb ist, worauf Sie sicher rechnen können." 23. April: „Ihre neuen Bestimmungen, wonach uns diese Termine um acht Tage verkürzt, zwingt uns nun leider, nur dass eine größere Teil der Trommel einstweilen für sich zu montieren, was uns natürlich viele Kosten und Umstände macht."[201]

In der Zwischenzeit mussten auf der Veste Heldburg das Brunnenhaus sowie die notwendigen Vorrichtungen für die Montage der Fördereinrichtung gebaut werden. Als in der Ernsthütte der Plan für das Brunnenhaus vorgelegt wurde, stellte sich heraus, dass die Eingangstür zu schmal gehalten worden war, die Trommel hätte nicht hindurch gepasst. Auch gab es weitere Probleme mit der Konstruktion, die erst noch verändert werden musste. Man entschied sich letztlich, die Winde an der Wand gegenüber der Eingangstür anzubringen. Aus dem Kostenanschlag für den Umbau des Brunnenhauses[202] ist abzulesen, dass der alte Dachstuhl abzubrechen war, ältere Öffnungen galt es zu vermauern, die Giebel und die Seitenwände sollten erhöht werden und doppeltes Mauerwerk erhalten, 40 Quadratmeter Schieferdach sollten aufgeschlagen und auf die Giebelkanten Abdeckplatten gelegt werden (Abb. 43).

---

[201] Ebenda.
[202] Ebenda.

In der Ernsthütte wurde mit Hochdruck gearbeitet, um den vorgegebenen Termin zu halten. Anlass für die Anspannung, unter der alle Beteiligten standen, war die Absicht des Herzogs, im Mai erstmals mit Familienangehörigen und Bediensteten auf der Veste zu wohnen. Die hohen Herrschaften hatten ihren Besuch letztlich für Pfingsten (20./21. Mai 1877) angekündigt. Der Herzog legte sehr hohen Wert auf die Einhaltung erteilter Zusagen.

Drei Tage vor der Ankunft des Herzogs und seiner Begleiter gab es im Umgang mit der neuen und noch ungewohnten Maschinerie ein großes Malheur. Dabei brachen die eisernen Zahnräder, und schließlich zersprang auch noch die Weißgussschale, worüber später noch zu berichten sein wird. Der versierte Schlossermeister Christian Zapf aus Heldburg setzte alles in Bewegung. Die Monteure der Ernsthütte kamen, und es wurde selbst an den Pfingstfeiertagen gearbeitet. Es konnte trotzdem während der Zeit des Aufenthalts der hohen Herrschaften kein Wasser mithilfe der neuen Winde aus dem Brunnen gehoben werden.

Eine Gesamtabrechnung für die Wiederherstellung des Brunnens und die Sanierung des Brunnenhauses kann nicht vorgelegt werden, da die Rechnungen aus dieser Zeit nicht aufbewahrt wurden. Vorhanden ist nur die Auflistung der Ausgaben in den einzelnen Gewerken für Arbeiten auf der Veste insgesamt ohne unmittelbaren Bezug zur jeweiligen Bauaufgabe. Wie bereits angeführt, bekam der Ingenieur Emmerson den Betrag von 6.335,30 Mark ausgezahlt, womit nicht nur seine eigene Leistung, sondern auch die seiner Arbeiter und Helfer vergütet wurde. An die Firma Langenstein und Scheemann in Ernsthütte wurden für die Winde samt Zubehör 10.667,13 Mark entrichtet. Der Seiler Förster aus Neustadt erhielt 347,80 Mark. Die Kosten für die Ausmauerung des Brunnenschachtes erscheinen nicht getrennt von den übrigen Kosten für Maurerarbeiten auf der Veste, die in diesem Zeitraum sehr umfangreich waren. Das Gleiche trifft zu für die Beschaffung von Mauersteinen und weiteren Materialien sowie für Zimmermanns-, Schlosser-

Abb. 44 Veste Heldburg, Brunnenhaus, Winde zur Wasserförderung von 1876

und Dachdeckerarbeiten.[203] Messergebnisse für Brunnentiefe und Wassersäule nach Abschluss der Instandsetzung des Brunnens finden sich in den Archivunterlagen nicht. Im bereits erwähnten Beitrag der Zeitschrift „Leipziger Illustrierte Zeitung" von 1880 werden 109 Meter Brunnentiefe nach der Brunnenreinigung von 1876 angegeben. Woher der Redakteur Grobe seinerzeit diese Maßangabe hatte, kann nicht nachgewiesen werden. Sie wurde aber seither gelegentlich verwendet (Abb. 44).

Wenn auch das Wasser vom Brunnen noch mit Eimern in die Burg getragen werden musste, so wusste Herzog Georg II. selbst unter diesen Bedingungen den persönlichen Komfort zu erhöhen. Nach englischem Vorbild wurden in die herrschaftlichen Appartements schon ab dem Jahr 1878 Wasserklosetts eingebaut. Wiederholt hatte der Herzog Anstoß an dem üblen Geruch genommen, der sich von der Abortanlage aus im Haus ausbreitete. Das Wasser für die Klosetts wurde nun in Behälter, die sich in oberen Räumen beziehungsweise auf dem Dachboden befanden, gefüllt und Rohre nach unten zu den Toiletten verlegt, in welchen das Wasser dann zum Spülen benutzt werden konnte.

---

[203] LATh – StAM, Neuere Rechnungen, II, 6. Jg. 1876-1878.

110

Zu einem schwerwiegenden Zwischenfall kam es im Jahr 1877, als bis zum vorgezogenen Besuchstermin Herzog Georgs II. die neue Fördertechnik mithilfe einer Winde zum Einsatz kommen sollte. Der zu Hilfe gerufene Heldburger Schlossermeister Christian Zapf schilderte das Geschehen in seinem Brief vom 17. Mai 1877 an die Herstellerfirma, die Ernsthütte in Stockheim: „Hierdurch teile Ihnen mit, dass heute gegen 10 Uhr vormittags an unserem Wasserwerk auf hiesiger Veste ein großer Unfall passiert ist, indem die Leute die Antriebswelle aus Unachtsamkeit aus dem Getriebe zogen und somit den leeren Eimer in die Tiefe stürzen ließen, wobei das große Trommelzahnrad fünf, das unter denselben eingreifend eine halben Zahn verloren hat. Wie dies dabei zugegangen, ist noch nicht genau ermittelt und nehme ich an, dass während dem Fallen des Eimers jemand wahrscheinlich etwas zwischen die Triebe geklemmt haben muss, weil auch die Vorlegewelle stark verbogen ist. Die Bremse, welche ich inzwischen restauriert und gerade heute anmachen wollte, noch ihre Zeichnung anlangte, befand sich also noch in meinem Hause, als jene Unglücksnachricht bei mir einlief. Ihre Zeichnung nebst Teile habe ich übrigens erst heute Nachmittag erhalten. Vom Eingang dieser Nachricht bin ich sofort mit meinen Leuten an Ort und Stelle geeilt und habe mit Hilfe der drei Zimmerleute die Trommel und Vorlagewelle herausgenommen; was diesmal sehr schwierig war, indem das vordere resp. größere Zahnrad wegen abgeschlagener Nase nicht herunterzubringen war, und das zweite wegen allzu starker Wellenbiegung sich nicht zurückschieben ließ. Infolgedessen ist auch die Weissgussschale zerbrochen. Da nun der Kastellan und Gärtner dies sofort an Herrn Hofbaumeister nach Meiningen telegrafierte, aber bis heute gegen acht Uhr abends ohne Antwort blieben, so habe ich das zerbrochene Zahnrad herunter zu Schubert genommen, ebenso das zweite kleinere und beide Wellen, welche Ihnen am Sonnabend zugehen lassen werde. Lassen Sie daher eiligst morgen schon nach Holzmodell das große Zahnrad formen und am Sonnabend noch gießen, denn es ist großer Wassermangel. Das kleinere könnte noch gut tun, es fehlt nur ein halber Zahn und könnte ich wohl einen neuen dafür einsetzen. Beide Wellen aber müssen gerichtet und auf Drehbank genommen werden, was die Kürze meiner Drehbank nicht erlaubt. Äußeres Zahnrad (Stirnrad) ist noch gut und bleibt hier. Bei Betrachtung des großen Zahnrades finden sie innerhalb des Kranzes eine gefeilte Kerbe. Es ist dies das Signal, welches an der Trommel saß und wollen Sie nach genauer Übertragung der Haftlöcher vom alten auf das neue Zahnrad dieses Signal dem neuen Rad wieder mitteilen, damit es wieder sehr genau passt und keine Differenz der Löcher stattfindet, ebenso die Nute und das Loch für die Welle etwas reichlicher machen lassen. Die Maschine hatte ich am Dienstag sehr gut hergestellt, ebenso obere Rolle gut eingeschmiert und selbst noch Proben damit angestellt, was vortrefflich gelang, da auf einmal höre ich heute diese Nachricht, nachdem ich noch zuvor darauf aufmerksam gemacht, vorsichtig damit umzugehen, bis die Bremse daran sei. Mit freundlichem Gruß, Christian Zapf (weiteres morgen)."[204]

In der Ernsthütte war man entsetzt und schickte sofort einen Monteur mit Flickzähnen nach Heldburg. Am ersten Pfingstfeiertag trafen die hohen Herrschaften und ihre Gäste samt Dienerschaft ein. Trotz aller Anstrengungen war es nicht gelungen, die Winde für die Wasserförderung in Betrieb zu nehmen. Der Schlossermeister Christian Zapf arbeitete sogar an den Pfingstfeiertagen, um die großen Schäden zu beheben. Am 22. Mai, Pfingstdienstag, startete er einen neuen Versuch. Darüber teilte Zapf dem Hofbaumeister mit: „[...] dass ich gestern die Einrichtung des Wasserhebens mit den beiden Blecheimern sowohl als auch mit dem alten Holzfaß versucht habe, wobei sich natürlich kein günstiges Resultat herzustellen, indem 5 - 6 Mann daran zu ziehen hatten, deshalb die Sache nun bis Ankunft Ihres heutigen Telegramms richten. Heute nun abermaliger Versuch mit gewöhnlichen Stalleimern, jedoch zu meinem Bedauern

---

[204] Ebenda.

Abb. 45 Veste Heldburg, Brunnenhaus,
Bremsvorrichtung an der Winde

kein annähernd günstiges Resultat erzielbar, indem immer noch drei Mann mit Anstrengung zu arbeiten hatten. In Folge dessen und weil niemand sich zu diesem Geschäft hergeben will, habe ich die weiteren Arbeiten einstellen lassen [...] Christian Zapf.“[205] An dieser Stelle enden die Berichte über die spektakuläre Wiederherstellung des alten Brunnens und die Installation einer Fördereinrichtung. Offenbar traten sechs Jahre lang keine größeren Probleme bei der Wasserförderung auf. Doch dann gab es einen schweren Vorfall. Noch unter dem Schock des Geschehenen stehend, schrieb der Kastellan am 9. Mai 1883 einen Bericht an den Hofbaurat Döbner: „Seit dem 4. Mai ist unsere Cisterne trocken und müssen wir unser Wasser aus dem großen Brunnen holen. Gestern hat der Gärtnermeister Klee den Eimer hinuntergelassen, und jedenfalls unvorsichtig dabei gewesen und ihn durch die Bremse zu schnell laufen lassen, dann ist ihm dabei Angst geworden indem er den Eimer

---

[205] Ebenda.

nicht mehr halten konnte, und um die Sache wieder gut zu machen, schmiss er den Sperrhacken ins Sperrrad, und dadurch springt das Sperrrad, so wie das Bremsrad in der Mitten entzwei und der schwere Eimer saust nun in rasender Eile hinunter und reißt die ganze Kette bis auf drei Glieder an der großen Kette ab und mit hinunter. Nun liegt Eimer und Kette in der Tiefe, und wir [haben] bei der Trockenheit kein Wasser. Wir haben nun die Hebemaschine angebracht und an eins der großen Seile den kleinen Eimer angemacht und müssen wir unseren Bedarf herausholen. Hätte doch der unglückliche Klee die Zunge nicht eingeworfen, so hätte es gar nichts zu sagen gehabt, und noch besser sich gar nicht daran vergriffen, denn ich habe immer von den Gartentaglöhnern dazu bestimmt, welcher, wenn ich nicht kann, das mit größter Vorsicht besorgt. Nun muss man immer noch Gott danken, dass es so abgelaufen ist, ja man darf gar nicht daran denken, was für ein fürchterliches Unglück hätte passieren können. Wenn man es so ansieht, wie der arme Klee in der Angst und in der riesen Schnelligkeit in oder zweitens durch die Räder gegriffen hat, um den Haken, welcher dazu gar nicht da ist, es konnte seine Hand erwischen und hätte ihm den Arm aus dem Leib gerissen oder der ganze Kerl in die Tiefe geschleudert. Ferner, wäre der Eimer nicht schon im Wasser gewesen, und die Kette nicht geplatzt, es konnte die ganze Trommel nebst den zwei Leuten in die Tiefe schleudern. Da nun jetzt augenblicklich keine Zeit ist um den Eimer nebst einem Anker zu suchen, will ich warten bis zum Mittwoch und Meister Keller beauftragen, den Eimer nebst Kette zu suchen, wenn Euer Hofbaurat nicht anders befohlen und die Räder wieder gießen lassen und durch Langguth eine bessere Bremse anbringen lassen, welche ¾ über das Rad geht. L. Schmidt" (Abb. 45).[206]

Der Hofbaurat beauftragte erneut die Fachkräfte der Ernsthütte mit der Reparatur der Anlage. Ihr zur Veste entsandter Monteur stellte fest, dass der Sperrkeil nicht ordnungsgemäß eingehängt worden war. Kastellan Schmidt gab am 12. Mai 1883 einen Zwischenbericht an den

---

[206] LATh – StAM, Hofbauamt, Nr. 92.

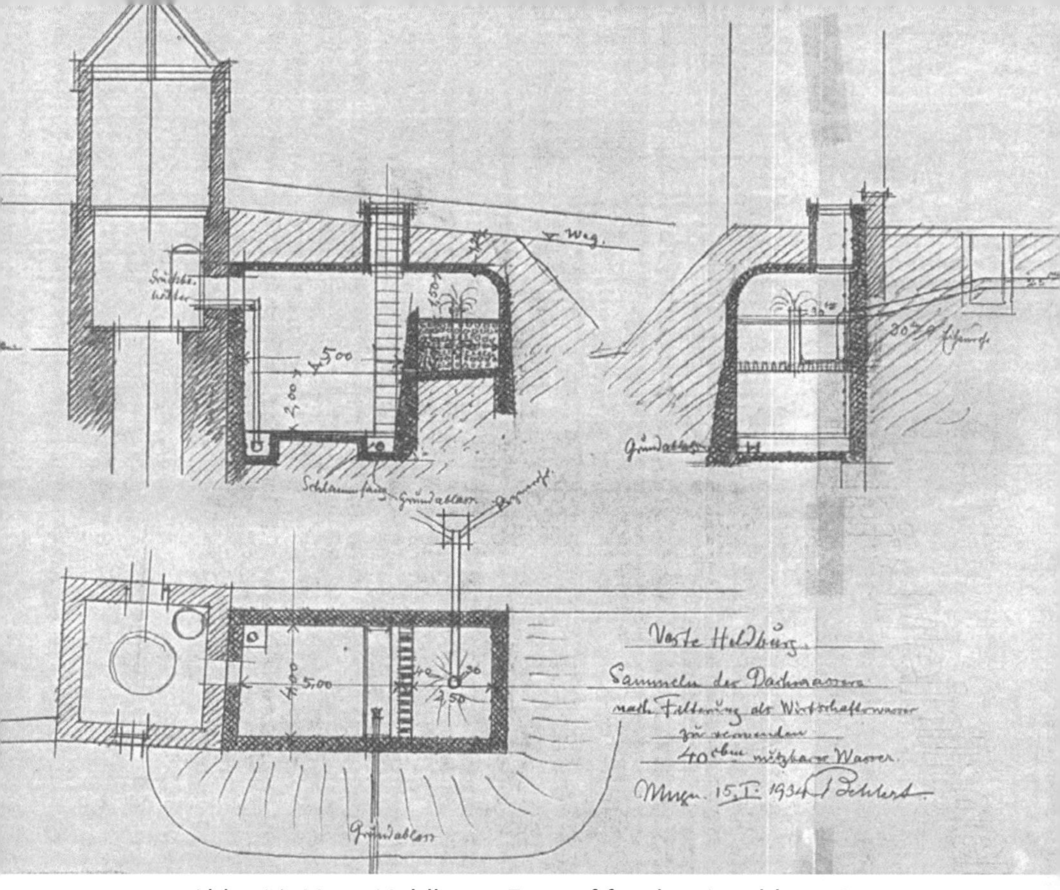

Abb. 46 Veste Heldburg, Entwurf für den Anschluss einer
Zisterne an das Brunnenhaus

Hofbaurat: „Soeben ½ 9 Uhr haben wir Eimer nebst
Kette auf den ersten Versuch wieder zu Tage befördert.
Gestern war ein Monteur von Cortendorf da und hat den
Meister Zapf beauftragt, einen Anker zu machen nebst
Gewicht und ist es uns heute gelungen. Die zwei Räder
werden heute oder sind nun bereits gegossen und sollen
am Mittwoch wieder angemacht werden." Im folgenden
Bericht vom 21. Mai ist die Erleichterung zu spüren:
„Teile ich gehorsamst mit, dass der Brunnen wieder ganz
hergestellt ist, um das Wasser heraus zu schaffen."[207]
Die Kette wurde später durch ein Stahlseil ersetzt.

---

[207] Ebenda.

7. Die technische Nutzung des elektrischen Stroms für die Wasserförderung

Nachdem Stadt und Veste Heldburg ab dem Jahr 1927 mit elektrischem Strom versorgt worden waren, erhielt der sachsen-meiningische Hofbaumeister Karl Behlert den Auftrag, die Wasserförderung aus dem Tiefbrunnen unter Nutzung der Elektroenergie zu bewerkstelligen. Im Zusammenhang damit sollte auch eine Löschwasserbevorratung eingerichtet werden. Bei der Planung ging Architekt Behlert von einer Gesamttiefe des Brunnens von 115 Metern aus. Für den Fall regelmäßiger Wasserentnahme kalkulierte er einen höchsten Wasserstand von 50 und einen niedrigsten von 25 Metern ein. Für die Wasserförderung in ein Bassin war eine Unterwasserpumpe vorgesehen. Von hier aus sollte dann das Wasser durch Druck mittels einer Hydrophore in die Räume der Burg gebracht werden. Es war geplant, vier Podeste als Arbeitsbühnen in größeren Abständen in die Brunnenröhre einzubauen. An der Wand des Schachtes sollte eine Stahlleiter befestigt werden. Sie sollte den Abstieg bis zum letzten Podest ermöglichen. Der Kostenvor-

Abb. 47 Veste Heldburg, Brunnenhaus, nicht mehr genutzte Windkessel

anschlag vom 30. Juli 1928 belief sich auf 11.400 Reichsmark. Die Pumpe sollte bei einer Leistung von zirka18 PS pro Stunde fünf Kubikmeter Wasser fördern. Der Pumpensatz sollte eine Gesamtlänge von 2.915 Millimetern haben und 333 Kilogramm wiegen, wofür 5.620 Reichsmark zu veranschlagen waren. Drei Hydranten waren für die Löschwasserversor-

Abb. 48 Veste Heldburg, Brunnenhaus, demontierte Unterwasserpumpe

gung angedacht. Als Termin der Fertigstellung wurde der 20. Oktober 1928 vorgegeben.[208] Behlert korrigierte seinen Entwurf mehrfach. Schließlich kam es zu folgender Lösung: Eine Unterwasserpumpe förderte das Wasser in ein Bassin, welches neben dem Brunnenhaus errichtet wurde. Diesem Bassin angeschlossen war eine Zisterne, die Oberflächenwasser von Dächern und Gerinnen aufnahm und von welcher dem Bassin ebenfalls Wasser zugeführt wurde (Abb. 46).[209]

Dieser Wasserspeicher diente neben der Bereitstellung des Trinkwassers auch als Löschwasservorrat. Durch einen Schwimmerschalter im Bassin wurde die Unterwasserpumpe ein- beziehungsweise ausgeschaltet. Mithilfe einer elektrischen Wasserpumpe wurde Wasser aus dem Bassin in die Hydrophore gepumpt. Von hier aus erfolgte die Versorgung über das Leitungswassersystem der Veste. Der wechselnde Luftdruck in den Windkesseln sorgte für die Steuerung der Wasserpumpe. Für die Druckhaltung wurden die Windkessel – es waren zuletzt zwei Kessel à 1.000 Liter – gelegentlich mit Hilfe eines Kompressors mit Luft nachgefüllt. Dieses Verfahren wurde noch nach dem Anschluss der Veste Heldburg an das zentrale Trinkwasserversorgungsnetz bis zum Jahr 2005 genutzt (Abb. 47).

---

[208] LATh – StAM, Herzogliche Hofbauverwaltung, Nr. 8.
[209] Ebenda.

Zu keiner Zeit wurde beklagt, dass der Brunnen zu wenig Wasser geliefert hätte. Während der Zeit der Nutzung der Veste als Kinderheim ab 1955 mehrten sich allerdings Probleme mit der Unterwasserpumpe. Es kam häufig zu Störungen der veralteten elektrischen Anlage, und die Wasserversorgung fiel aus. Eine Brunnenbohrung im Wiesengrund unterhalb des Burgberges und eine starke Pumpe mit angeschlossener Versorgungsleitung zur Veste sollten Mitte der 1960er Jahre Abhilfe schaffen. Da die Wasserqualität des Öfteren nicht den hygienischen Anforderungen entsprach, wollte man wieder zur Wasserversorgung aus dem Burgbrunnen zurückkehren und die Unterwasserpumpe erneut benutzen.[210] Der Klempner Werner Heerdt aus Holzhausen demontierte sie in der Tiefe des Schachtes und beförderte sie unter schwierigen Bedingungen mit der Winde nach oben ins Brunnenhaus. Sie wurde zur Reparatur in eine Spezialwerkstatt nach Waltershausen/Thüringen gebracht. Zwischenzeitlich erfolgte jedoch der Anschluss der Veste Heldburg an die zentrale Trinkwasserversorgung. Die Unterwasserpumpe wurde nicht wieder eingebaut (Abb. 48).

Seit 1972 befindet sich unterhalb der Veste ein Hochbehälter für Trinkwasser, der aus dem Verbundnetz des Wasser- und Abwasserverbandes Hildburghausen gespeist wird. Wenige Jahre später erfolgte der Anschluss der Veste an dieses Versorgungsnetz. Von der im Hochbehälter befindlichen Pumpe wurde das Wasser fortan in das Bassin neben dem Brunnenhaus gepumpt. Die Steuerung erfolgte auch hier über den Schwimmerschalter im Bassin. Die beiden Windkessel im Brunnenhaus wurden 2005 durch einen Membrandruckkessel ersetzt, womit seither das Wasser vom Hochbehälter unmittelbar bis ins Haus geliefert und so eine weitgehend störungsfreie Wasserversorgung gewährleistet wird.

---

[210] Der damalige technische Mitarbeiter des Kinderheimes, Hartmut Dressel, berichtete der Autorin, dass sich der Brunnen am Fuße der Veste in unmittelbarer Nähe des Landflusses Kreck befunden hatte und bei Hochwasser eine starke Verschmutzung des Brunnens eintrat.

7.1. Erinnerungen an die Brunnenfahrten zur Reparatur der Unterwasserpumpe von Manfred Steigmeier und Heinz Knoch

Zusammen mit seinem Meister Manfred Treybig war der Elektriker Manfred Steigmeier aus Heldburg Anfang der 1970er Jahre an Reparaturarbeiten der Unterwasserpumpe beteiligt. In einem Gespräch schilderte er, dass sie die stählerne Leiter nach unten stiegen. Dazu nahmen sie eine elektrische Handleuchte mit, deren Kabel auf einer Spindel im Brunnenhaus aufgerollt war. Nach mehreren Metern erreichten sie das erste Podest. Um weiter nach unten zu gelangen, musste eine Klappe im Podest geöffnet werden. Die weiteren drei Podeste waren ebenso beschaffen. Nach etwa 50 Metern waren sie am untersten Podest vor dem Wasserspiegel angelangt, um den elektrischen Defekt der Unterwasserpumpe zu reparieren.

119

Steigmeier berichtete, dass der Brunnen bis zum Wasserspiegel ausgemauert sei. In der Brunnenwand hätte er vereinzelt Nischen gesehen, in die man sich gegebenenfalls zur eigenen Sicherheit bei Arbeiten im Schacht unterstellen könne. Wie viele es waren, wusste er nicht mehr. Steigmeier erinnerte sich, dass ein sehr kleines Steinchen die zirka 50 Meter nach unten gefallen sei und seinen Schutzhelm getroffen habe, als sie dabei waren, die Pumpe zu reparieren. Dabei hätte er einen fürchterlichen Schlag empfunden, sodass sein Kopf dröhnte. Dieses unglückliche Erlebnis habe ihm eine Vorstellung von der Gefahr vermittelt, welcher die Bergleute und Maurer ausgesetzt waren, die früher im Brunnenschacht arbeiten mussten. Auch der damalige Hausmeister des Kinderheimes, Heinz Knoch aus Heldburg, war einmal zu Hilfeleistungen mit in den Brunnen gefahren, als die Pumpe repariert werden musste. Seine Erinnerungen trafen sich mit denen von Steigmeier. Er konnte sich darauf besinnen, dass die Brunnenröhre unmittelbar unterhalb der Wasseroberfläche nicht ausgemauert, sondern der Fels deutlich sichtbar war. Die Arbeiten an der schweren Pumpe hätten mehrere Stunden gedauert. In Anbetracht der sauerstoffarmen Atemluft wären Ermüdung und Erschöpfung bald deutlich zu spüren gewesen. Der Leiter des Kinderheimes sei sichtlich betroffen gewesen, als die Männer mit bleichen Gesichtern wieder aus dem Brunnen nach oben kamen (Abb. 49).[211]

8. Gesicherte Versorgung mit Löschwasser seit 2005

Beim Großbrand im Jahr 1982 erwies sich die damalige Löschwasserreserve vor Ort als völlig unzureichend. Trotz aller Mühen, Löschwasser in erforderlichen Mengen schnellstmöglich von der Stadt Heldburg auf die

---

[211] Die Gespräche wurden von der Autorin mit den genannten Personen im Mai 2011 geführt.

Veste zu befördern, brannte der Französische Bau völlig aus. Dank des aufopferungsvollen Einsatzes der Feuerwehren konnten die angrenzenden Gebäudeteile vor einem Übergriff des Feuers bewahrt werden.

Im Jahr 2005 wurde am Südhang unterhalb des Brunnenhauses, nahe der Straße, eine neue Zisterne mit sechs Behältern für die Aufnahme des auf der Veste gesammelten Oberflächenwassers zur Löschwasserbevorratung angelegt. Sie hat ein Fassungsvermögen von 100 Kubikmetern. Darüber hinaus können aus dem Hochbehälter des Wasser- und Abwasserverbands Hildburghausen am Burgberg 100 Kubikmeter je Stunde nachgefüllt werden, wofür insgesamt zwei Wasserkammern mit jeweils 300 Kubikmetern Fassungsvermögen bereitstehen. Das alte Bassin am Brunnenhaus wurde abgebrochen.

9. Der Bestand im Brunnenhaus – Zeitzeugnisse der Jahrhunderte

Im Brunnenhaus befindet sich im oberen Geschoss die alte Winde aus dem Jahr 1877 mit einem Stahlseil, das über eine Rolle im Dachgiebel geführt ist. Daran ist – damit sich die Besucher die alte Brunnenförderung besser vorstellen können – die Nachbildung eines hölzernen, 100 Liter fassenden Eimers angebracht. Er wurde von den beiden Heldburgern Bernd Rose und Olaf Rüttinger in jüngerer Zeit angefertigt (Abb. 50, 51). Auf einer Halterung an der Seitenwand befinden sich ein Elektrokabel auf einer Rolle und eine Handleuchte. Die Leuchte wurde im Falle notwendiger Reparaturen der Pumpe in der Brunnenröhre benötigt. Die in Waltershausen Mitte der siebziger Jahre des 20. Jahrhunderts noch einmal reparierte, aber dann nicht mehr eingebaute Unterwasserpumpe ist im Brunnenhaus abgelegt. Die Brüstung im oberen Teil des Brunnenhauses, in welcher an einem Riegel der Name des Zimmermanns Andreas Schubart eingekerbt ist,

Abb. 50 Veste Heldburg, Brunnenhaus, oberer Bereich

Abb. 51 Veste Heldburg, Brunnenhaus, unterer Bereich

könnte aus der Zeit nach 1834 stammen, als das Brunnenhaus saniert wurde. Im unteren Teil des Brunnenhauses stehen zwei Windkessel mit einem Fassungsvermögen von je 1.000 Litern sowie zwei Wasserpumpen, mit denen bis 2005 das Wasser in die Kessel gepumpt wurde (Abb. 52).

Im Weiteren befindet sich im Brunnenhaus ein Kompressor zur Luftdruckregelung in den Kesseln. In der Brunnenröhre führt eine stählerne Leiter zu den Podesten, die während der Funktion der Unter-

Abb. 52 Veste Heldburg, Brunnenhaus, Kreiselpumpen der ehemaligen Hydrophoranlage

wasserpumpe als Arbeitsbühnen für Wartungs- und Reparaturarbeiten dienten. Jedes dieser Podeste aus Stahlblech hat eine aufklappbare Luke für den Ab- oder Aufstieg zum nächsten Podest. Die Öffnung ist zirka 50 mal 50 Zentimeter groß, so dass sie von einer Person passiert werden kann. Die Rohrleitungen aus dem 19. und 20. Jahrhundert sind sowohl an Wänden als auch an den Podesten befestigt. Die Brunnenöffnung ist fußbodeneben mit einer Stahlplatte geschlossen und hat eine Einstiegsluke in der Größe der Öffnungen in den Podesten. Sämtliche Stahlteile sind stark korrodiert und verbieten einen Zutritt (Abb. 53).

Glücklicherweise sind die Luken aller Podeste in der Brunnenröhre geöffnet, sodass man in diesem kleinen Bereich freie Durchsicht zum Wasserspiegel hat. Dieser Umstand ermöglichte die Brunnenmessungen der Jahre 2011 und 2017 überhaupt erst (Abb. 54).

Abb. 53 Veste Heldburg, Blick in den Brunnenschacht

Abb. 54 Werner Grohmann und Marco Röser bei der
Lotmessung 2017

10. Schlussbemerkungen

Die Wasserversorgung der Veste Heldburg muss als ein neuzeitliches, funktional durchdachtes System betrachtet werden, das aus Zisterne, Tiefbrunnen, Wasserkunst, Pferdeschwemme und Halsgraben mit zugehörigen Rinnen, Kanälen und Holzröhren bestand. Der Burgbrunnen und die zu gleicher Zeit geschaffene Zisternenanlage sind ein bedeutendes Zeugnis neuzeitlicher Bau- und Ingenieurskunst. Der Brunnen zählt mit 110 Metern zu den zehn tiefsten in Deutschland und hat eine außergewöhnlich hohe Wassersäule von 56 Metern. Er gehört zu den wenigen Ausnahmen, die in Basalt geteuft wurden.

Das Teufen des Brunnens war eine besondere Herausforderung, weil der Phonolith des Bergkegels ein sehr hartes Gestein darstellt. Daher ist es nicht verwunderlich, dass in den ersten drei Jahren die Schmiedekosten für das Schärfen der Werkzeuge zwei Drittel des Hauerlohns erreichten. Unter gleichen Bedingungen musste in den Jahren 1558 bis 1559 die Zisterne im Burghof, die der Trinkwasseraufbereitung aus Oberflächenwasser diente, dem Felsen abgerungen werden. Diese aus Filter und Tank bestehende Zisterne ist als ein modernes System zur Wassergewinnung in der Renaissance zu werten. Im günstigsten Fall konnten auf diese Weise 20.000 Liter Trinkwasser gewonnen werden.

Auch beim Aushauen der Schächte, Kanäle und Rinnen für Oberflächen- und Abwasser sowie für das Einlegen der Röhrfahrten als Trinkwasserleitung erwies sich die geologische Bodenbeschaffenheit des Burgareals als große Erschwernis. Die frühneuzeitliche Wasserkunst auf der Burg ist als eine außergewöhnliche Leistung zu werten. Sie existierte allerdings nur für wenige Jahrzehnte. Abgesehen von den Zeiträumen, in denen der Brunnen verunreinigt war, gab es niemals Hinweise, dass zu wenig oder kein Wasser im Brunnen gewesen wäre. Selbst bei intensiver Förderung – besonders zur Zeit der Veste als Garnisonstandort – war das Dargebot ausreichend.

Die hohe Wassersäule lässt darauf schließen, dass der Heldburger Burgbrunnen aus gespanntem Grundwasser gespeist wird. Auch darin ist er eine Besonderheit. Aus einem gespannten Grundwasserhorizont konnte das Wasser nach dem Prinzip kommunizierender Röhren in die gleiche Höhe des Quellbereichs, in diesem Falle zu einer Wassersäule von 56 Metern, gedrückt werden. Nur so ist der hohe Wasserstand zu erklären. Wäre ein Grundwasserhorizont eher erreicht worden, hätte nicht bis zu einer Tiefe von 110 Metern geteuft werden müssen. Selbst seitlich angelegte Stollen zur Wassererschließung hatten kein Ergebnis gebracht.

Der Brunnen ist trotz mehrmaliger Einbrüche und Verunreinigungen niemals aufgegeben, sondern immer wieder instandgesetzt und nutzbar gemacht worden. Glücklicherweise gab es in Gefahrensituationen und bei Unfällen keine Personenschäden oder Todesopfer. Dank gebührt den besonnenen Kräften im frühen 19. Jahrhundert, die sich gegen die Absicht wehrten, den Brunnen zu verfüllen. Angesichts der Tiefe bis zum Wasserspiegel des Brunnens bereitete die Wasserförderung die größten Probleme. Die Mehrzahl der Schäden und Ausfälle hatte ihre Ursache im Umgang mit der Hebetechnik. Die Nutzung der Elektrizität im 19. Jahrhundert brachte auch hier den technischen Fortschritt. Seit dem Anschluss der Veste Heldburg an das zentrale Verbundnetz der Wasserwirtschaft ist eine kontinuierliche Versorgung gewährleistet. Die Brunnenförderung ruht seither. Bei einem Großbrand im Jahr 1982, der den Französischen Bau in Schutt und Asche legte, erwies sich die Löschwasserversorgung als völlig unzureichend. Deshalb wurde 2005 südlich der Burg eine Zisterne mit sechs Behältern geschaffen, die ein Fassungsvermögen von 100 Kubikmeter hat. Bei den Lotmessungen in den Jahren 2011 und 2017 konnte die ursprüngliche Tiefe von 110 Metern, wie sie die Bergleute im Jahr 1564 in nahezu siebenjähriger harter Arbeit erreicht hatten, erneut bestätigt werden. Nach mehrfachen Einstürzen und Verschüttungen im Laufe der Jahrhunderte wurde der Brunnen immer wieder bis zur Sohle gereinigt. Die letzte große Beräumung wurde 1876 vorgenommen. Seit dieser Zeit sind keine Verunreinigungen mehr erfolgt.

Dieser Beitrag entstand vor allem in Auswertung von Archivdokumenten, Erfahrungen und Erlebnisberichten. Er erhebt keinen Anspruch auf Darstellung in ingenieurtechnischer Hinsicht. Es besteht noch weiterer Forschungsbedarf, beispielsweise zu geologischen Fragen und der Wassererschließung. Eine Befahrung des Brunnens könnte wichtige Erkenntnisse zur Beschaffenheit des Brunnenschachtes und seiner technischen Einrichtungen bringen. Grabungen im engeren Umfeld wären hilfreich für die Erörterung der einstigen baulichen Anlagen. Der beachtliche Bestand an Zeugnissen der technischen Einrichtung im Brunnenhaus empfiehlt seine museale Dokumentation. Die Kulturleistung, die der Errichtung dieses Brunnens und den unermüdlichen Anstrengungen für dessen Erhalt und Nutzung in mehr als 450 Jahren zugrunde liegt, verdient eine besondere gesellschaftliche Wertschätzung. Als Objektexponat ordnet sich der Brunnen würdig in die Präsentation des Deutschen Burgenmuseums ein.

Literatur

Adam Meltzers neu verbesserte Mühlenbaukunst, Erster Teil, 3. Auflage, Merseburg, 1805.

Agricola, Georg: De Re Metallica Libri XII, Zwölf Bücher vom Berg- und Hüttenwesen, Basel 1556; Hg. Agricola-Gesellschaft beim Deutschen Museum Berlin 1928.

Biller, Thomas und Großmann, G. Ulrich: Burg und Schloss. Der Adelssitz im deutschsprachigen Raum, Regensburg 2002.

Bitterli-Waldvogel, Thomas: Sodbrunnen und Zisternen. Eine regionale Übersicht der Wasserversorgung von mittelalterlichen Burgen in der Schweiz, in: Wasser auf Burgen im Mittelalter, Mainz am Rhein 2007, p. 287 – 295.

Fleck, Niels; Großmann, G. Ulrich; Paulus, Helmut-Eberhard: Veste Heldburg. Amtlicher Führer der Stiftung Thüringer Schlösser und Gärten, 2. vollständig überarbeitete Auflage, Berlin 2016.

Friedrich, Reinhard: Zur Wasserversorgung von Burgen am Mittelrhein, in: Wasser auf Burgen im Mittelalter, Mainz am Rhein 2007, p. 171 – 181.

Fritze, Eduard: Die Veste Heldburg, Jena 1903.

Gleue, Axel W.: Aspekte zum Bau mittelalterlicher Burgbrunnen, in: Wasser auf Burgen im Mittelalter, Hg. Frontinus-Gesellschaft e. V. Landschaftsverband Rheinland/Rheinisches Landschafts-Amt für Bodendenkmalpflege, Mainz am Rhein 2007, p. 273-277.

Gleue, Axel W.: Ohne Wasser keine Burg. Die Versorgung der Höhenburgen und der Bau der tiefen Brunnen, Regensburg 2014.

Gleue, Axel W.: Wie kam das Wasser auf die Burg? Vom Brunnenbau auf Höhenburgen und Bergvesten, Regensburg 2008.

Grathoff, Stefan: Wasserversorgung auf Burgen, regionalgeschichte.net, Institut für Geschichtliche Landeskunde an der Universität Mainz e. V. 2001-2011.

Grebe, Anja; Großmann, G. Ulrich: Burgen in Deutschland, Österreich und der Schweiz, Petersberg 2007.

Grewe, Klaus: Wasserversorgung und –entsorgung im Mittelalter. Ein technikgeschichtlicher Überblick, in: Die Wasserversorgung im Mittelalter, Mainz 1991, p. 8 – 86.

Grewe, Klaus: Die Wasserversorgung auf mittelalterlichen Burgen, in: Wasser auf Burgen im Mittelalter, Mainz am Rhein 2007, p. 13 – 19.

Gröschel, Julius: Aus Lebens- und Arbeitsverhältnissen thüringischer Baumeister im XVI. Jahrhundert, in: Zeitschrift für Bauwesen, Jahrgang 51, Berlin 1901. p. 526-546.

Gröschel, Julius: Nikolaus Gromann und der Ausbau der Veste Heldburg 1560-1564. Mit Bauurkunden des Burgarchivs von 1558-1566, Meiningen 1892.

Grohmann, Inge: Fränkische Leuchte. Erzählte Geschichte der Veste Heldburg, Norderstedt 2008.

Großmann, G. Ulrich: Die Welt der Burgen, Geschichte, Architektur, Kultur, München 2013.

Großmann, Ulrich: Gewöhnliche und ungewöhnliche Wege zur Wasserversorgung auf Burgen, www.dgamn. de/.../ Mitteilungen21-web-grossmann.pdf.

Hagenguth, Claudia: Veste Heldburg, Ansätze zur
Rekonstruktion der Burganlage im 16. Jahrhundert,
Bd. 1, Magisterarbeit der Fakultät Geschichts- und
Geowissenschaften im Fachbereich Kunstgeschichte der
Otto-Friedrich-Universität Bamberg, 2006.

Hagenguth, Claudia: Die Baugeschichte der Veste
Heldburg in Mittelalter und Früher Neuzeit, in: Die
Veste Heldburg. Burganlage – Bergschloss – Deutsches
Burgenmuseum. Beiträge zur Erforschung und Sanierung,
Berichte der Stiftung Thüringer Schlösser und Gärten, Bd.
11, Petersberg 2013, p. 17-35.

Heyn, Oliver: Das Militär des Fürstentums Sachsen-Hildburghausen 1680-1806, Veröffentlichung der Historischen
Kommission für Thüringen, Köln/Weimar/Wien 2015.

Höhne, Dirk: Zum Forschungsstand über Filterzisternen
und Zisternen mit Wasserreinigung auf Burgen im
mitteldeutschen Raum, in: Wasser auf Burgen im
Mittelalter, Mainz am Rhein 2007, p. 225 – 233.

Hoffmann, Albrecht: Brunnenbau und Wasserversorgung
auf Höhenburgen im späten Mittelalter, in: Antike und
mittelalterliche Wasserversorgung, in: Mitteleuropa, Kassel
1995, p. 87-105.

Hopf, Udo: „…was noch zu der Cisternne zu fertigenn
kostenn will…“, zur Wasserversorgung des Grimmenstein
und von Schloss Friedenstein in Gotha, in: Bleibende
Werte. Schlösser und Gärten – Denkmale einer Kultur-
landschaft, Festschrift für Prof. Dr. Helmut-Eberhard
Paulus, Hg. Stiftung Thüringer Schlösser und Gärten,
Regensburg 2017, p. 161-176.

Kill, Renè: Filterzisternen auf Höhenburgen des Elsass, in:
Wasser auf Burgen im Mittelalter, Mainz am Rhein 2007, p.
235-243.

Lehfeld, Paul, Voß Georg. Bau-und Kunstdenkmäler
Thüringens, Herzogthum Sachsen-Meiningen, II. Band,
Jena 1904.

Müller, Michael: Die Wasserversorgung der Burg
Frankenstein, in: Wasser auf Burgen im Mittelalter, Mainz
am Rhein 2007, p. 209-218.

Nagel, Franz: Die Veste Heldburg im 20. Jahrhundert, in:
Die Veste Heldburg. Burganlage – Bergschloss – Deutsches
Burgenmuseum. Beiträge zur Erforschung und Sanierung,
Berichte der Stiftung Thüringer Schlösser und Gärten, Bd.
11, p. 74-78.

Piper, Otto: Burgenkunde, Bauwesen und Geschichte der
Burgen (Verbesserter und erweiterter Nachdruck der 3.
Auflage 1912), Augsburg 1993.

Schmidt, Michael, Veste Heldburg. Amtlicher Führer der
Stiftung Thüringer Schlösser und Gärten, 1. Auflage,
München/Berlin 2001.

Weinhold, Matthias: Die Wasserversorgung auf Burgen
der Sächsischen und Böhmischen Schweiz, in: Wasser auf
Burgen im Mittelalter, Mainz am Rhein 2007, p. 245-253.

Abbildungsnachweis

Stiftung Thüringer Schlösser und Gärten: Abb. 1, 16, 43; Staatsarchiv Coburg: 4, 32; Thüringer Landesarchiv - Staatsarchiv Meiningen: 14, 31, 35, 41, 46; Thüringer Landesarchiv - Staatsarchiv Gotha: 11, Kreisarchiv Hildburghausen: 12; Deutsches Burgenmuseum, Aktenkonvolut Heldburg: 33; Kulturstiftung Meiningen-Eisenach Museum Schloss Elisabethenburg: 42; Berghold, Roland: 37, 49; Grohmann, Inge: 2, 3, 5, 6, 7, 8, 9, 10, 13, 15, 18, 19, 30, 36, 44, 45, 47, 48, 50, 51, 52, 53, 54; Henkel, Thomas: 38; Hörnlein, Frank: 17; Pfister, Sibille: 40; Rößler, Christian: 29; Rose, Christa: 34; Teschke, Sven: 24; Meltzer, 1805: 23, 25; Agricola, Basel 1556: 20, 21, 22, 26, 27, 28, 39.